[美] 阿尔弗雷德·S. 波萨门蒂　罗伯特·格列施拉格尔　著

校

神奇的圆

超越直线的数学探索

上海科技教育出版社

图书在版编目(CIP)数据

神奇的圆:超越直线的数学探索/(美)阿尔弗雷德·S.波萨门蒂,(美)罗伯特·格列施拉格尔著;涂泓译. 一上海:上海科技教育出版社,2021.1(2024.12重印)

书名原文:THE CIRCLE

ISBN 978-7-5428-7363-7

Ⅰ.①神… Ⅱ.①阿…②罗…③涂… Ⅲ.①平面几何—研究 Ⅳ.①O123.1

中国版本图书馆CIP数据核字(2020)第169000号

责任编辑 卢 源
封面设计 符 劼

数学桥丛书

神奇的圆——超越直线的数学探索

[美]阿尔弗雷德·S.波萨门蒂
[美]罗伯特·格列施拉格尔 著
涂 泓 译 冯承天 译校

出版发行 上海科技教育出版社有限公司
　　　　　(上海市闵行区号景路159弄A座8楼　邮政编码201101)

网　　址　www.sste.com　www.ewen.co
经　　销　各地新华书店
印　　刷　上海商务联西印刷有限公司
开　　本　720×1000　1/16
印　　张　15.5
版　　次　2021年1月第1版
印　　次　2024年12月第3次印刷
书　　号　ISBN 978-7-5428-7363-7/O·1124
图　　字　09-2018-578号
定　　价　52.00元

献给我的子女和孙辈——

丽莎(Lisa)、丹尼尔(Daniel)、戴维(David)、劳伦(Lauren)、马克斯(Max)、塞缪尔(Samuel)、杰克(Jack)和查尔斯(Charles)。

他们的未来不可限量。

——阿尔弗雷德·S·波萨门蒂

（Alfred S. Posamentier）

献给我的女儿丽莎(Lisa)。

——罗伯特·格列施拉格尔

（Robert Geretschläger）

致　谢

在准备撰写这本书的过程中,我们要感谢深川秀吉(Hidetoshi Fukagawa)博士拍摄了用于第7章中的算额(Sangaku)照片,以及罗伯特·J·朗(Robert J. Lang)博士提供了用于第4章中的造树者程序产生的图形。多年以来,这两幅图持续不断地为本书作者之一(罗伯特·格列施拉格尔博士)提供着数学灵感来源。要感谢贝恩德·塔勒尔(Bernd Thaller)博士绘制了第4章中的堆叠球体图形。克里斯蒂安·施普赖策(Christian Spreitzer)博士不仅撰写了第10章,还提供了第10章和第11章中的许多几何图形,我们对他表示感谢。还要特别感谢埃尔温·劳舍尔(Erwin Rauscher)博士为本书撰写了后记。

内容如此错综复杂的一本书需要非常有力的编辑技巧和文案处理。感谢凯瑟琳·罗伯茨-阿贝尔(Catherine Roberts-Abel)对本书制作过程的得力安排,并特别感谢杰德·佐拉·希比利亚(Jade Zora Scibilia)在整个制作过程中的不同阶段提供了极其出色的编辑工作。感谢普罗米修斯出版社(Prometheus Books)的主编史蒂文·L·米切尔(Steven L. Mitchell),是他让我们有机会走近广大读者,向大众介绍藏身于最常见的几何图形:圆中的那些瑰宝。特别感谢汉娜·伊图(Hanna Etu)、马克·霍尔(Mark Hall)、布鲁斯·卡勒(Bruce Carle)、杰奎琳·纳索·库克(Jacqueline Nasso Cooke)、劳拉·谢利(Laura Shelley)和谢丽尔·奎姆巴(Cheryl Quimba)的辛勤工作。

前　言

在初等平面几何中，线基本上分为两类：直的线和圆的弧。直线型最基本的图形是三角形[1]。也就是说，大多数由直线构成的几何图形常常可以被分解成三角形组件，以便研究它们的性质。在线性几何的世界中，三角形成为验证几何关系的关键要素。然而，圆作为平面几何的重要组成部分，与其他任何组成部分具有同样的重要性。此外，它还是唯一一种可以画在球面上的"线"。这使得圆在几何学世界中也许真的比直线更加无所不在，因为直线在球面几何中是不存在的。正是带着这种想法，我们开始了一段旅程，去考察圆在几何学中的作用。

在数学史上，圆也许比任何其他形状都更吸引数学家。追溯圆的历史，方法之一是了解圆周率 π 的演化历程[2]。寻找 π 的精确（或者几乎精确的）值，这让几个世纪的数学家一直为之着迷。无论是从哲学的角度，还是从神学的角度，圆一直是人类文化的组成部分。我们将简要地讨论其中的一些问题，而在此之前，我们会先探查圆所呈现的种种几何奇观。

---

[1]　参见 A. S. Posamentier and I. Lehmann, *The Secrets of Triangles* (Amherst, NY Prometheus Books, 2012).　——原注

[2]　参见 A. S. Posamentier and I. Lehmann, *Pi: The Biography of the World's Most Mysterious Number* (Amherst, NY: Prometheus Books, 2004).　——原注

在深入探究圆的许多令人振奋、让人惊叹的关系之前，先简要地回顾一下圆的基本关系，其中有许多是读者在高中几何课程中学过的。

有许多简单又巧妙有趣的几何问题，有助于理解圆所具有的几何性质。在更复杂的层次上——或者说在更重要的层次上——有许多关于圆的关系，由于其重要性而被命名为定理。在第3章中，我们会以一种轻松易懂的方式来呈现它们。甚至一些未命名的定理也会令人敬畏。

圆可以内切于一个三角形，或者可以与一个三角形的三条边分别相切，但不包含在该三角形的内部，这样的圆通常被称为切圆，在第5章中会详细讨论这些圆。切圆对一些平面几何问题提供了巧妙的解答，并且简单而有趣。

作出符合某些特定条件的圆，例如与其他一些给定圆或与一些给定直线相切，自古以来就是极具挑战性的问题之一。这个问题由几个部分组成，被称为"阿波罗尼乌斯问题"。在第6章中，呈现和解决这个问题的方式会让你感到真正意义上的完美，并且令人叹为观止。在古代曾经困扰数学家的各种难题总是很有趣，在这里我们以一种读者一看就懂的方式来解答它们，这样就可以简单地把它们看成是解一个谜或回答一个问题。

我们在高中时都学过用一把没有刻度的直尺和一副圆规来进行几何作图。其中有些作图过程非常简单，而另一些则更具挑战性。不过，人们在数百年前就已经知道，所有这样的作图不用直尺而仅用一副圆规也可以完成。这些作图方法被称为马斯凯罗尼作图，在第8章中将对其进行探究。有人可能会问：如何利用一副圆规作出一条直线呢？好吧，我们将证明，只要有一副圆规，你就可以根据需要在这条线上画出尽可能多的点，这就相当于作出了这条直线。并且，我们将揭示如何用圆代替直线。当然，这种做法更多的是具有理论价值而不是实践意义！

圆在艺术作品和建筑中都发挥着非常重要的作用，值得讨论和揭示。这是我们在第9章"艺术作品与建筑中的圆"中希望阐明的，这一章专门讨论几何学的应用。对圆和球的处理呈现出几何学的另一个方面，展现了两种重要几何形状的那些不同寻常的特性。这常见于所谓的"球填充"问题中，我们在书中用单独一章（第4章"圆填充问题"）来介绍这部分内容。

当我们考虑球的表面及球面上的圆时，也会出现一些有趣的问题。为什么从纽约到维也纳的航班总是飞得特别靠近格陵兰岛？这常常令我们感到疑惑。当我们去看一幅地图，就会发现这条路径看起来像是在绕圈子。事实是，球面上两点之间的最短距离是用一个大圆来连接的。我们生活在一个大球（地球）上，在这个球面上有许多非常有趣的几何学。认识到这一点会令你对我们生活的世界有更为深刻的领悟。

在考虑了圆在平面上的大多数表现之后，我们将用一章的篇幅来介绍圆在球面上的角色（第11章）。圆在球面上的角色是独一无二的，也就是说，它是唯一可以绘制出的"线"的形式。我们在这里谈及"大圆",就是那些画在球面上,圆心在球心处的圆。这一章可能会为你提供一个新的视角。例如,绘制在球面上的三角形的内角和不再等于180°,而是大于180°并小于540°。

简而言之,这本书将打开你的思路,充分揭示圆在几何学中所应该具有的重要性,无论是在平面上还是在球面上。它将使几何学以一种出人意料的方式变得鲜活起来。这就是本书的目标!

几个世纪以来,圆呈现出了超越几何学范围的各种概念,这些概念可能因文化而异。我们通过追溯古代关于圆的知识,以及现存的一些关于圆的早期关系和表征,来结束我们穿越圆的世界的这段旅程。希望我们所提供的关于圆和球的林林总总的概念和应用,会吸引你进一步深入到我们所探究的许多领域中。

阿尔弗雷德·S·波萨门蒂

罗伯特·格列施拉格尔

目　录

第1章 初等平面几何中圆的各种关系

当我们开始对圆进行探索时,大多数人能想到的是,希腊字母 π 不知何故与这一重要的几何形状发生了联系。大多数人会记得 π,它表示圆的周长与直径的比值。此时立刻跃入脑海的两个公式是:圆的周长等于 $2\pi r$,圆的面积等于 πr^2。在这两个公式中,r 都表示圆的半径长度。不过,在我们了解圆的众多应用和表现之前,我们先要回顾一些你在高中几何课程中学过,但有可能已经忘记了的那些基本要点。

首先,回顾一些与圆相关的定义。我们都知道,**半径**(radius)是连接圆心与圆上任意一点的线段,**直径**(diameter)则是连接圆上两点并且通过圆心的线段。连接圆上两点的线段称为**弦**(chord)。如果一条直线与圆恰好接触于一点,就说这条直线与这个圆**相切**(tangent);与圆相交于两点的直线叫作**割线**(secant)。还有两个要回顾的定义是:圆内以两条半径及它们之间的弧为边界的区域称为**扇形**(sector),圆内以一条弦及圆弧为边界的区域称为**弓形**(segment of the circle)。

以下是在我们研究圆时会用到的一些关系:

- 任意三个非共线的点唯一确定一个圆。
- 非共线的点 A、B、C 确定了唯一的圆 O(参见图1.1)。
- 弦的垂直平分线通过圆心以及与它相交的弧的中点。
- 直线 CD 是弦 AB 的垂直平分线,因此直线 CD 通过圆心 O,并且点 C

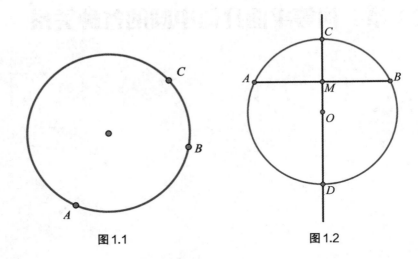

图 1.1   图 1.2

和点 D 是以 AB 为端点的上下两条弧的中点(参见图 1.2)。

● 与一条半径垂直、垂足在圆上的直线与圆相切。

○ 直线 AB 垂直于半径 OC,垂足为 C,因此 AB 与圆相切于点 C(参见图 1.3)。

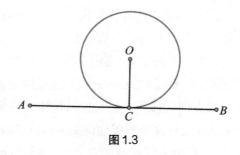

图 1.3

● 从圆外一点 P 向圆画两条切线,切点 A、B 与点 P 之间的线段长度相等。

○ 切线段 PA 和 PB 的长度相等(参见图 1.4)。

● 如果一个多边形的所有顶点都在同一个圆上,那么就说这个多边形内接于这个圆。

○ 多边形 $ABCDE$ 内接于圆 O(参见图 1.5)。

● 如果一个多边形的所有边都与同一个圆相切,那么就说这个圆内

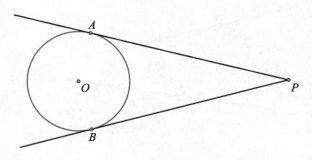

图1.4

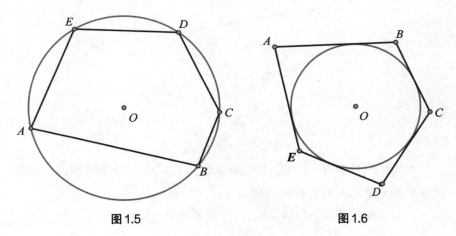

图1.5   图1.6

切于这个多边形。

　　○ 圆 *O* 内切于多边形 *ABCDE*(参见图 1.6)。

　　● 如果圆的一条割线与同一个圆的一条切线在该圆的外部有一个公共点,那么该切线段的长就是该点到割线与圆交点的两条线段长的比例中项。

　　○ 切线段 *AP* 是 *PC* 与 *PB* 的比例中项,即以下关系成立(参见图 1.7):

$$\frac{PC}{AP} = \frac{AP}{PB}。$$

　　● 如果同一个圆的两条割线在该圆的外部有一个公共点,那么该点到每条割线与圆交点的两条线段长的乘积相等。

　　○ 对于 *PED* 和 *PBC* 这两条割线,以下关系成立(参见图 1.8):

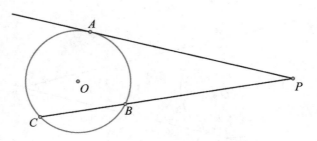

图1.7

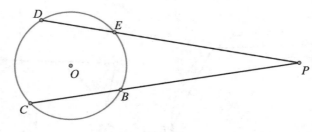

图1.8

$$PD \cdot PE = PC \cdot PB。$$

● 如果两条弦在一个圆的内部相交,那么其中一条弦的两段长的乘积等于另一条弦的两段长的乘积。

○ 对于相交于点P的两条弦,以下关系成立(参见图1.9):

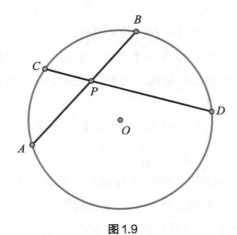

图1.9

$$PA \cdot PB = PC \cdot PD。$$

· 圆心角是由圆的两条半径构成的,它的度数等于两条半径所截取的弧的度数。

○ $\angle AOB$ 等于 $\overset{\frown}{AB}$ 的度数(参见图1.10)。

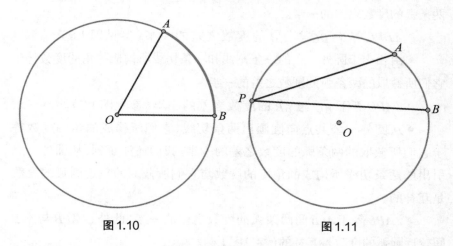

<table>
<tr><td>图1.10</td><td>图1.11</td></tr>
</table>

图1.10
图1.11

· 圆周角是由相交于圆上的两条弦构成的,它的度数等于它所截取的弧的度数的一半。

○ $\angle APB$ 等于 $\overset{\frown}{AB}$ 的度数的一半(参见图1.11)。

· 由圆的一条切线和一条弦构成的角的度数等于它所截取的较小弧的度数的一半。

○ $\angle ABP$ 等于 $\overset{\frown}{AB}$ 的度数的一半(参见图1.12)。

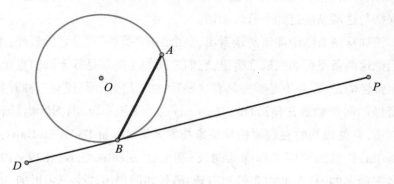

图1.12

● 由相交于圆内一点的两条弦所构成的角的大小等于这个角及其对顶角所截取的两条弧的度数之和的一半。

○ $\angle BPD$ 等于 $\overset{\frown}{BD}$ 和 $\overset{\frown}{AC}$ 的度数之和的一半(参见图1.9)。

● 由相交于圆外一点的两条割线所构成的角的度数等于它所截取的两条弧的度数之差的一半。

○ $\angle DPC$ 等于 $\overset{\frown}{DC}$ 与 $\overset{\frown}{EB}$ 的度数之差的一半(参见图1.8)。

● 由相交于圆外一点的一条割线和一条切线所构成的角的度数等于它们所截取的两条弧的度数之差的一半。

○ $\angle APC$ 等于 $\overset{\frown}{AC}$ 与 $\overset{\frown}{AB}$ 的度数之差的一半(参见图1.7)。

● 从圆外一公共点向圆画出两条切线,它们所构成的角的度数等于它们所截取的两条弧的度数之差的一半。我们还注意到,从圆外一点引出的两条切线所构成的角度的度数与它们所截取的较近圆弧的度数是互补的。

○ $\angle APB$ 等于 A、B 间两条弧的度数之差的一半。此外,$\angle APB$ 与 A、B 间较近圆弧的度数是互补的(参见图1.4)。

以上简要地回顾了高中几何课程中讲解的关于圆的各种关系的基本要点,这为我们接下来进一步研究圆提供了所需要的基本工具。

定宽非圆曲线

让我们从圆的物理结构这一基本角度来考虑,则圆是一条定宽曲线。这意味着如果把圆放置在与它相切的两条平行线之间,那么它能够转动并保持与这两条固定的平行线相切。

正如从图1.13中能清楚地看出,一个圆的"宽度"就是它的直径。无论我们把这两条平行切线放在哪里,它们之间的距离总是等于圆的直径。

奇怪的是,圆并不是唯一具有这种特性的几何图形。还有一种看起来很奇怪的叫作**勒洛三角形**(Reuleaux triangle,见图1.14)的图形也具有这一性质,它是以当时在德国柏林皇家技术大学(Royal Technical University of Berlin)任教的德国工程师弗朗茨·勒洛(Franz Reuleaux,1829—1905)的名字命名的。有人可能会想知道,勒洛是如何得出这个三角形的。据说他当时正在寻找一种纽扣,这种纽扣不是圆形,但无论从哪个方向都仍然能够很好地穿过扣眼。他的"三角形"解决了这个问题,我们会在后面看到这一点。

勒洛三角形是由三条圆弧构成的,它们的半径都相等,其圆心分别在一个等边三角形的三个顶点处。它有许多不寻常的性质,而且它与宽度相似的圆构成了很好的类比[①]。勒洛三角形的"宽度"是什么意思?我们将与曲线相切的两条平行线之间的距离(见图1.15)称为该**曲线的宽度**(breadth of the curve)。现在我们仔细观察勒洛三角形,就会注意到,无论我们把这两条平行的切线放在哪里,它们之间的距离都相同,就是构成该三角形的各条弧的半径。

勒洛三角形有许多迷人性质,例如,与圆类似,它的周长与宽度之比也等于π。不过,在此之前,我们先来看看勒洛三角形的一种"实际应用"。

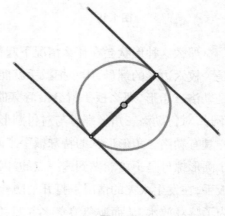

图1.13

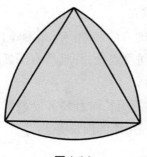

图1.14

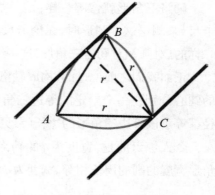

图1.15

[①] 对于圆来说,宽度就是其直径;对于勒洛三角形来说,宽度就是三角形顶点到相对弧之间的距离。——原注

如果我们试着用一把普通扳手去拧一枚圆形螺钉头（即一枚顶部没有螺丝刀槽的螺钉，见图1.16），结果是不会成功的。扳手会打滑，因而无法紧紧地夹住螺钉的圆头。对于一枚具有勒洛三角形的螺钉头也会出现同样的情况（图1.17）。它也会打滑，因为它同圆一样是一条定宽曲线。

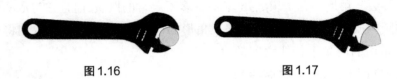

图1.16　　　　　　　　　　　　图1.17

那么这种形状会在什么情况下起作用？我们知道，消防栓的阀门通常是一枚六边形的螺母，用一把扳手就能打开消防栓。如果这枚螺母的形状是勒洛三角形，那么扳手就会沿着其曲线打滑，就像它沿着圆打滑一样。不过，对付勒洛三角形螺母与对付圆形螺母又有不同，我们可以用一把同样具有勒洛三角形形状的特殊扳手来匹配这种螺母，就不会发生打滑。对于圆形螺母是不可能做到这一点的。因此，消防部门可以配备特殊的勒洛扳手，在发生火灾的情况下打开消防栓。而勒洛三角形螺母可以防止孩童为了嬉戏放水，从而避免浪费水资源。（事实上，纽约市的消防栓用的是五边形螺母，它们也具有不平行的对边，因而不能用普通的扳手拧转。）

勒洛三角形就像圆一样，是一条定宽闭合曲线。也就是说，当有人用卡尺①来测量这个图形时，无论卡尺的平行卡口放在哪里，测量结果都是一样的。对圆和对勒洛三角形，这一结果都成立。

正如我们之前说过的，构成勒洛三角形的方法是画出三条圆弧，它们的圆心分别在一个给定的等边三角形的不同顶点处，并且所有圆弧的半径都等于该等边三角形的边长（参见图1.18）。

令人惊讶的是，宽度为d的勒洛三角形的周长与直径等于该勒洛三角形宽度的圆的周长相等。宽度为d的勒洛三角形的周长等于

$$3\left(\frac{1}{6}(2\pi d)\right) = \pi d,$$

---

① 这是一种仪器，在一根标有刻度的柄上装有一个固定臂和一个可移动臂，用于测量圆木及类似物体的直径。——原注

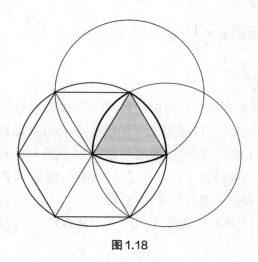

图 1.18

直径为 d 的圆的周长也是 πd，与勒洛三角形的周长相等。

为了理解勒洛三角形的周长与宽度之比为什么与圆的该比例（即 π）相同，我们将做以下考虑。勒洛三角形的周长由三条弧构成，每条弧都是一个半径为 r 的圆的 1/6。因此周长就等于

$$3\left(\frac{1}{6}\right)(2\pi r)=\pi r。$$

由于其宽度为 r，因此周长与宽度之比就等于 $\frac{\pi r}{r}=\pi$，这正是我们所知道的关于圆的情形——圆的周长与宽度（即直径）之比就等于 π。

比较这两种图形的面积就完全是另一回事了。它们的面积并不相等。我们对它们做一下比较。可以用一种很巧妙的方法来求出勒洛三角形的面积：将三个有重叠的扇形（它们的重叠部分是那个等边三角形）面积相加，然后再减去两个这样的三角形（从而使重叠区域实际上只计算一次而不是三次）。

三个重叠扇形的总面积为 $3\left(\frac{1}{6}\right)(\pi r^2)$，等边三角形的面积[①]为 $\frac{\sqrt{3}}{4}r^2$，

[①] 这是一个需要记住的并且经常会用到的重要公式。推出这个公式的方法是先利用勾股定理求出三角形的高，然后应用三角形面积公式：$A=\frac{1}{2}bh$。——原注

勒洛三角形的面积为 $3\left(\dfrac{1}{6}\right)(\pi r^2)-2\left(\dfrac{\sqrt{3}}{4}r^2\right)=\dfrac{\pi-\sqrt{3}}{2}r^2$，直径为 r 的圆的面

积为 $\pi\left(\dfrac{r}{2}\right)^2=\dfrac{\pi r^2}{4}$．

　　比较这两个宽度相等的图形的面积，就会发现勒洛三角形的面积略小于圆的面积。这与我们对正多边形的理解是一致的，即对于某一给定直径，圆的面积最大。1915 年，奥地利数学家威廉·布拉施克（Wilhelm Blaschke, 1885—1962）进一步推广了这一结果，他证明了对于任意给定的宽度，在此类等宽的所有图形之中，勒洛三角形总是具有最小面积，而圆形总是具有最大面积[1]。此外，勒洛三角形还有另一个有趣的特点，也与圆形成对比。

　　我们知道，轮子会在平面上很平稳地滚动。如果勒洛三角形与圆"等效"，那么它也应该能够在平面上滚动。嗯，它确实能够滚动，但是由于那些"尖角"的存在，它不会平稳地滚动。如果家具搬运工使用的滚轮形状不是通常的圆柱形，而是一个勒洛三角形，那么家具搬运工所移动的物体并不会"弹跳"，而是会稍有些不规则地滚动。这是为什么呢？请注意，滚动的勒洛三角形的中心点（或质心）不会像圆那样，停留在与它所滚动的表面平行的一条恒定路径上。这些滚动的勒洛三角形的侧视图可参见图1.19。

图1.19

---

① W. Blaschke, "Konvexe Bereiche Gegebener Konstanter Breite und Kleinsten Inhalts," *Math. Ann.* 76(1915): 504—13.——原注

我们可以对勒洛三角形做一项调整,使其具有圆角,但不破坏它的各种性质。如果我们将用来产生勒洛三角形的对应等边三角形的各边(其长度为s)都通过每个顶点延长相等的量(比如说a),然后轮流以这个三角形的各顶点作为圆心画出六段圆弧(参见图1.20),结果就得到了一个经过改良的、具有"圆角"的勒洛三角形,这个形状能形成比较平稳的滚动。

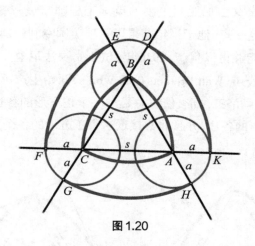

图1.20

我们现在需要知道的是,这个经过改良的勒洛三角形仍然具有定宽,并且其周长与宽度之比是π(参见图1.20)。

三段较短的"角弧"长度之和为

$$3\left(\frac{1}{6}\right)(2\pi a),$$

三段较长的"边弧"长度之和为

$$3\left(\frac{1}{6}(2\pi)(s+a)\right),$$

这六段弧之和为$\pi(s+a)+\pi a=\pi(s+2a)$。该图形的宽度为$(s+2a)$,因此其周长与宽度之比就等于π。在你最想不到的时候,π再次出现了。与之相比较,一个直径为$(s+2a)$的圆的周长为$\pi(s+2a)$,与这个勒洛三角形的周长相同。

勒洛三角形的另一个令人惊讶的特性是,一个形状为勒洛三角形的钻头可以钻出一个方形的孔,而不是预料中的圆形的孔。或者换种说法,勒洛三角形总是与一个适当大小的正方形的各边相接触。可以在图1.21和图1.22中看到这一点。但要记住的是,这个钻头不会绕一根固定的轴旋转。事实上,一个在正方形中旋转的勒洛三角形的中心几乎描绘出一个圆。更确切地说,它是由4条椭圆弧构成的。(圆是唯一只有一个均衡对称中心的定宽曲线。)

住在美国宾夕法尼亚州龟溪的英国工程师哈里·詹姆斯·瓦特[①]在1914年确认了这一点,他于当年获得了一项美国专利(1241175号),因而使得这些钻头能够得以生产。1916年,位于宾夕法尼亚州威尔默丁市的瓦特兄弟工具公司(Watt Brothers Tool Works)开始生产可以切割方孔的钻头。通过旋转勒洛三角形,使它总是与一个正方形的各边相接触,从而刷过这个正方形的各边,并且非常接近这个正方形的各个角(参见图1.21和1.22)。

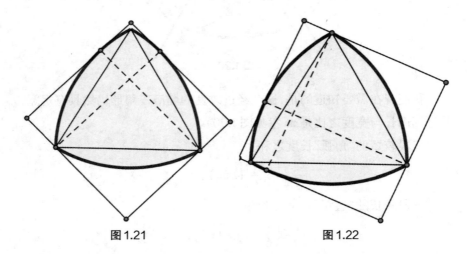

图1.21　　　　　　　　图1.22

德国工程师费利克斯·旺克尔(Felix Wankel, 1902—1988)为一辆汽车制造了一台内燃机,这台内燃机有一个勒洛三角形形状的内部旋转部件,在一个腔室内旋转。它比常见活塞发动机的活动部件更少,又比同尺

[①] 哈里·詹姆斯·瓦特(Harry James Watt)是著名发明家詹姆斯·瓦特(James Watt, 1736—1819)的后裔。——原注

寸的活塞发动机提供了更高的功率。旺克尔发动机的首次尝试是在1957年，而后在1964年投入生产，用于马自达汽车。勒洛三角形的那些不同寻常的性质又一次使这种类型的发动机成为可能。

有很多有趣的、有用的想法与这个勒洛三角形相关，这个三角形类似于圆，并且与圆共同拥有着π。

现在，我们掌握了关于圆的几何学及其相关图形的种种基本工具。准备出发，在我们穿越圆的王国的这趟旅程中，探索前方将会出现的众多惊人关系。

第2章　圆在几何学中的特殊作用

平面几何的许多内容都专注于直线型图形,例如三角形、四边形和其他多边形。不过,当圆闪亮登场时,它揭示出许多特殊的附加属性,极大地丰富了几何学竞技场。例如,平面几何中的著名公式之一——**海伦公式**(Heron's formula),让我们能在仅仅已知任意三角形的三边长的情况下,求出该三角形的面积。亚历山大的海伦(Heron of Alexandria,约公元10—70)在他于公元60年出版的《测地术》(*Metrica*)一书中阐明,若给定三角形的边长 a、b、c,则其面积等于 $\sqrt{s(s-a)(s-b)(s-c)}$,其中 s 是半周长,即

$$s = \frac{a+b+c}{2}。$$

当已知量只有三角形的各边长时,这是求该三角形面积的一个很简便的公式。

为了更好地理解海伦公式的作用,我们可以应用它来求一个三角形的面积。某三角形的边长分别是13、14、15,于是它的半周长是21,它的面积等于 $\sqrt{21(21-13)(21-14)(21-15)} = \sqrt{7056} = 84$。

假如还有这样一个求四边形面积的公式,岂不是很好?不幸的是,对于任意随机画出的四边形,并不存在一个类似的简单公式。事实上,这样的公式是不可能存在的。四边形的形状并不是由它的各边长唯一确定的,因此它的面积也不能确定。然而,这就是圆在几何学中留下其印记的地

方。当四边形具有所有顶点都在同一圆上这一性质时[这样的四边形通常被称为**圆内接四边形**（cyclic quadrilateral）]，就确实存在着一个类似的公式。

公元628年，印度数学家婆罗摩笈多（Brahmagupta，约公元598—665以后）写出了《婆罗摩笈多修正体系》（*Brahma-sphuta-siddhānta*）一书，其中的第12章和第13章专门用于论述数学。他在这部分内容中提出了一个公式，用于在只给出一个圆内接四边形的四边长a、b、c、d的情况下，求出它的面积。这个公式与海伦公式有着非常密切的关系。它断言，圆内接四边形的面积等于$\sqrt{(s-a)(s-b)(s-c)(s-d)}$，其中$s$仍然是半周长，即

$$s = \frac{a+b+c+d}{2}。$$

因为圆内接四边形的对角是互补的，于是我们知道所有的矩形都是圆内接四边形。因此，我们可以用这个公式来求矩形的面积。假设我们有一个边长为a和b的矩形，那么半周长$s = a+b$。应用婆罗摩笈多的公式，我们可以得到：$\sqrt{(a+b-a)(a+b-b)(a+b-a)(a+b-b)} = \sqrt{a^2b^2} = ab$，这是一个我们已经熟悉的结果：一个矩形的面积等于它的长和宽的乘积。

这个与海伦公式类似的公式只适用于内接于圆的四边形，这是因为我们知道，如果只给出四边形的四边长度，那么该四边形的形状是不确定的。换言之，对于一组给定的四边长，可以有许多不同形状的四边形。在所有这些给定边长的四边形中，面积最大的是圆内接四边形。这一点可以从求（凸）四边形面积的一个更一般的公式得出，这个公式是

$$\sqrt{(s-a)(s-b)(s-c)(s-d) - abcd \cdot \cos^2\left(\frac{\alpha+\gamma}{2}\right)},$$

其中α和γ是一对对角的大小。一旦将角度大小连同边长一起给出，四边形就可以确定了。为了证明这个公式与婆罗摩笈多提出的公式相一致，我们可以如下进行：一个四边形为圆内接四边形，那么它的两对对角必然是互补的，也就是说，对角的角度之和为180°。因此，在一个圆内接四边形中，

$$\frac{\alpha+\gamma}{2} = \frac{180°}{2} = 90°。$$

90°的余弦等于零,因此

$$abcd \cdot \cos^2\left(\frac{\alpha+\gamma}{2}\right)=0 \, 。$$

于是留下的就是婆罗摩笈多发现的那个圆内接四边形的面积公式,即

$$\sqrt{(s-a)(s-b)(s-c)(s-d)} \, 。$$

有一种很不寻常的作圆内接四边形的方法,就是在一个随机画出的四边形中,找出各角平分线的一些公共交点。在图2.1中,我们从四边形 *ABCD* 开始,作出各角的角平分线 *AE*、*BG*、*CG*、*DE*。*E*、*F*、*G*、*H* 这四个点就确定了一个圆内接四边形。实际上原因相当简单。我们只需要证明对角(x 和 y)互补,其中 $x=180°-(k+m)$,$y=180°-(n+p)$。当把这两个等式相加时,就得到 $x+y=360°-(k+m+n+p)$。而 $2k+2m+2n+2p=360°$,因此 $k+m+n+p=180°$。于是我们就得到 $x+y=360°-180°=180°$,这表明对角(∠*GHE* 和 ∠*GFE*)是互补的,因此四边形 *EFGH* 是圆内接四边形。圆内接

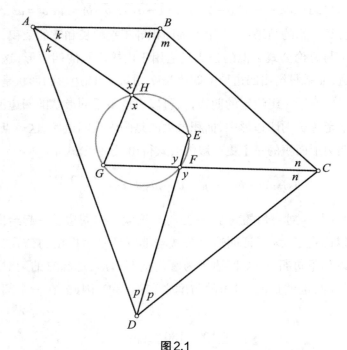

图2.1

四边形是直线型图形与圆之间的一个重要连接,这是因为与总是能内接于圆的三角形不同的是,并非所有的四边形都是圆内接四边形,即四个顶点都在同一圆上。

托勒密定理

圆与四边形之间还有另一种奇妙的关系。这被归功于亚历山大的托勒密(Claudius Ptolemaeus of Alexandria)——通常简称为托勒密(Ptolemy,公元90—168)——他在他的主要天文学著作《天文学大成》(*Almagest*,约公元150年)第一卷中阐明,一个圆内接四边形的各对角线长度之积等于其各对边长度乘积之和。也就是说,对于如图2.2所示的一个四边长度为a、b、c、d而对角线长度为e、f的四边形,以下关系成立:$ac + bd = ef$。

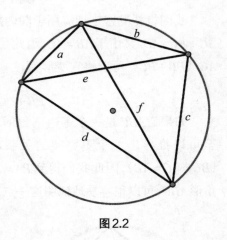

图2.2

当你将托勒密定理应用于一个矩形(它显然是一个圆内接四边形)时,另一个熟悉的关系就形成了。矩形的对边相等,对角线也相等。因此,当我们将托勒密定理应用于一个边长为a和b、对角线长度为c的矩形时,我们就得到:$a \cdot a + b \cdot b = c \cdot c$,即$a^2 + b^2 = c^2$,这就是著名的毕达哥拉斯定理[①]。

[①] 要了解毕达哥拉斯定理的更多内容,请参见 A. S. Posamentier, *The Pythagorean Theorem: The Story of Its Power and Beauty*(Amherst, NY: Prometheus Books, 2010).——原注

毕达哥拉斯定理(Pythagorean theorem)即我们所说的勾股定理。在西方,相传由古希腊的毕达哥拉斯首先发现。而在中国,相传由西周时期的商高首先发现。——译注

多边形外接圆上的点

圆上的点也为我们提供了一些非常有趣的关系。以等腰三角形ABC的外接圆上的点P为例,如图2.3所示。应用托勒密定理,我们可以证明以下关系:

$$\frac{PA}{PB+PC}=\frac{AC}{BC}。$$

我们将托勒密定理应用于圆内接四边形$ABPC$,就得到$PA \cdot BC = PB \cdot AC + PC \cdot AB$。又由于$AB = AC$,因此我们就得到$PA \cdot BC = PB \cdot AC + PC \cdot AC = AC \cdot (PB + PC)$,可以将它变形为

$$\frac{PA}{PB+PC}=\frac{AC}{BC}。$$

如果$\triangle ABC$是一个等边三角形,那么从$PA \cdot BC = PB \cdot AC + PC \cdot AB$甚至可以推导出一个更完美的关系。由于等边三角形的各边是相等的$(BC = AC = AB)$,因此我们得到$PA = PB + PC$。通过考虑图2.4中的等边三角形ABC,可以很容易地证明这一点。

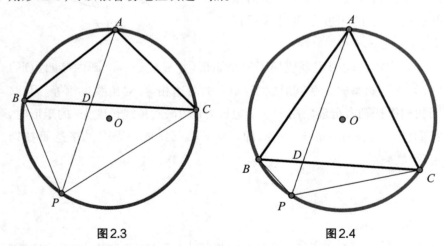

图2.3   图2.4

接下来,我们将考虑一个正方形的外接圆上的点P(见图2.5)。同样可以得到连接点P与圆内接正方形顶点的各条线段之间的一个很好的关系。

如果将上文建立的关于等腰三角形的关系应用于图2.5中的$\triangle ABD$

超越直线的数学探索 神奇的圆

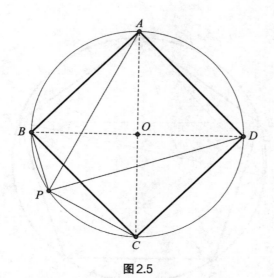

图2.5

和△ADC这两个等腰三角形，首先会得出以下关系：

应用于等腰三角形ABD得 $\dfrac{PA}{PB+PD}=\dfrac{AD}{DB}$，　　　　　　(1)

同理，在等腰三角形ADC中，我们有 $\dfrac{PD}{PA+PC}=\dfrac{DC}{AC}$。　　(2)

由于AD = CD及DB = AC，可以得到 $\dfrac{AD}{DB}=\dfrac{DC}{AC}$。　　　　(3)

由等式(1)(2)(3)得到以下关系：$\dfrac{PA}{PB+PD}=\dfrac{PD}{PA+PC}$，或 $\dfrac{PA+PC}{PB+PD}=$ $\dfrac{PD}{PA}$，这就是点P在正方形ABCD的外接圆上时产生的关系。

当点P在一个正五边形的外接圆上时（如图2.6所示），就演化出了另一种意想不到的关系，即PA + PD = PB + PC + PE。

这一关系的证明过程可能比前几种关系更复杂一些，但其简洁的结果非常令人高兴。我们首先将托勒密定理应用于四边形ABPC，可以得到

$$PA \cdot BC = BA \cdot PC + PB \cdot AC。\qquad\qquad(4)$$

然后将托勒密定理应用于四边形BPCD，可以得到

$$PD \cdot BC = PB \cdot DC + PC \cdot DB。\qquad\qquad(5)$$

将等式(4)和(5)相加，并注意到BA = DC和AC = DB，就得到

$$BC \cdot (PA + PD) = BA \cdot (PB + PC) + AC \cdot (PB + PC)。\qquad(6)$$

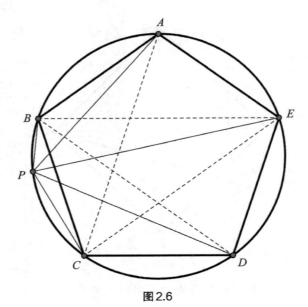

图2.6

然后,利用之前在图2.3中为等腰三角形建立的关系,将其应用于等腰三角形BEC,就得到

$$\frac{CE}{BC}=\frac{PE}{PB+PC}\quad 或\quad \frac{PE\cdot BC}{PB+PC}=CE=AC。$$

将AC的值代入等式(6),得到

$$BC\cdot(PA+PD)=BA\cdot(PB+PC)+\left(\frac{PE\cdot BC}{PB+PC}\right)(PB+PC)$$

$$=BA\cdot(PB+PC)+PE\cdot BC。$$

又由于$BC=BA$,因此$PA+PD=PB+PC+PE$。

此外,还可以利用等边三角形外接圆上的点所确立的关系,推导出关于如图2.7所示的正六边形$ABCDEF$外接圆上一点P的类似关系:

$$PE+PF=PA+PB+PC+PD。$$

现在,可以使用之前建立的一个关系,即当点P位于等边三角形的外接圆上时所建立的那个关系。在目前的情况下,我们将使用的两个三角形是等边三角形AEC(由此可知$PE=PA+PC$)和等边三角形BFD(由此可知$PF=PB+PD$)。将这两个等式相加,就得到了想要的结果,即$PE+PF=PA+PB+PC+PD$。由前面的这些例子可以看出,圆上的点到内接正多边形各顶点之间的距离产生了一些有趣的关系。有兴趣的读者可以进一步探究这种模式，将其扩展到正七边形、正八边形、正九边形、正十边形，等等。

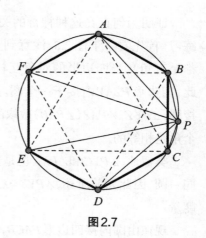

图2.7

西姆森定理

三角形外接圆上的一点具有另一个吸引人的性质。这个性质表述如下：

> 从三角形外接圆上的任何一点向三角形各边所作出的垂线的垂足是共线的。

这个关系被称为**西姆森定理**（Simson's theorem），这条线也被称为**西姆森线**（Simson's line）。这个命名是数学史上最大的不公正之一，因为该定理实际上是苏格兰数学家威廉·华莱士（William Wallace，1768—1848）于1799年在托马斯·利伯恩（Thomas Leybourn）的《数学宝库》（*Mathematical Repository*）一书中首次提出的。在那个时候，欧几里得的《几何原本》一书的著名英文译者是罗伯特·西姆森（Robert Simson，1687—1768）。由于他的巨大声望以及与欧几里得几何学的关联，在这段时间内许多几何学上的进展（比如说这条定理）都被认为是西姆森的成果。该定理也就这样被错误地归功于他。这一张冠李戴的错误认定一直延续至今。

现在让我们来更为仔细地看看这个奇妙的关系。我们注意到在图2.8中，△*ABC* 内接于一个圆，而点 *P* 则是圆上的任意一点。从点 *P* 向该三角形的三条边作三条垂线，垂足分别为 *X*、*Y*、*Z*。根据西姆森定理（或者是否应该称为"华莱士定理"？），*X*、*Y*、*Z* 这三点总是共线。

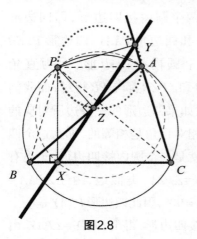

图2.8

证明为何存在这种神奇的关系，是理解几何关联问题的一个很好的练习。首先看一下图 2.8，注意到其中 $\angle PYA$ 与 $\angle PZA$ 是互补的（因为它们都是直角）。当四边形的对角互补时，这个四边形就是圆内接四边形。因此，四边形 $PZAY$ 内接于一个圆。连接 PA、PB、PC。考虑四边形 $PZAY$ 的外接圆，$\angle PYZ$、$\angle PAZ$（$\angle PAB$）截取的是同一条弧，即圆上的弧 PZ，因此这两个角是相等的。

类似地，$\angle PYC$ 和 $\angle PXC$ 也是互补的，这就确立了四边形 $PXCY$ 内接于同一圆。因此如前所述，$\angle PYX = \angle PCB$，因为它们的大小都由对应弧 PX 所度量。

现在由圆内接四边形 $PACB$，可得

$$\angle PAZ（或 \angle PAB）= \angle PCB。$$

根据我们刚刚确立的三个角相等的等式，可以把它们组合在一起，写成 $\angle PYX = \angle PCB = \angle PAZ = \angle PYZ$，或者简化为 $\angle PYX = \angle PYZ$，这就表明 X、Y、Z 三点共线，因此证明了西姆森定理。需要指出的是，这条定理的逆定理也成立。

除了共线之外，这些垂线的长也构成了一种值得关注的关系。在图 2.9 中，点 P 在 $\triangle ABC$ 的外接圆上，从该点分别向 AC、AB、BC 边作垂线 PX、PY、PZ。可以推断出 $PA \cdot PZ = PB \cdot PX$。

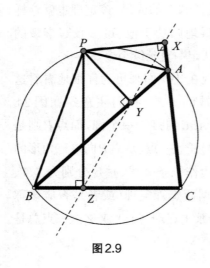

图 2.9

为了证明这个惊人的关系，需要确定两个圆内接四边形，即四边形 $PYZB$ 和四边形 $PXAY$。四边形 $PYZB$ 是一个圆内接四边形，因为直角 $\angle PYB$ 和 $\angle PZB$ 都与 PB 相对，而我们知道，如果四边形的一条边所对应的两个相对顶角是相等的，那么这个四边形就是一个圆内接四边形，于是有 $\angle PBY = \angle PZY$。类似地，由于 $\angle PXA = \angle PYA = 90°$，因此四边形 $PXAY$ 是一个圆内接四边形，得出 $\angle PXY = \angle PAY$。由于我们有沿着西姆森线的点 X、Y、Z，因此可以确定 $\triangle PAB \backsim \triangle PXZ$，由此可得

$$\frac{PA}{PX} = \frac{PB}{PZ},$$

于是得到 $PA \cdot PZ = PB \cdot PX$，这就是最初要证明的关系。

图2.10揭示了有关西姆森线的另一个有趣的特征——可以将它应用于 $\triangle ABC$。这一奇异的关系表明，如果 $\triangle ABC$ 的高与外接圆相交于点 P，那么点 P 关于 $\triangle ABC$ 的西姆森线（XDZ）平行于圆在点 A 处的切线 AG。

为了证明这种关系成立，首先作分别垂直于 $\triangle ABC$ 的 AC 边和 AB 边的线段 PX 和 PZ。如图 2.10所示，连接线段 PB。仔细观察四边形 $PDBZ$，会注意到 $\angle PDB = \angle PZB = 90°$，于是可以确定它是一个圆内接四边形，因此能够得出 $\angle DZB = \angle DPB$，因为它们的大小都等于 $\overparen{DB}$ 的一半。

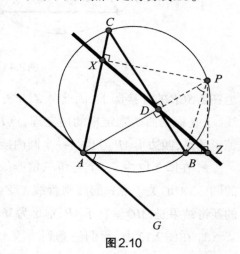

图2.10

当考虑 $\triangle ABC$ 的外接圆时，注意到有两个大小相等的角，它们的度数都等于 $\overparen{AB}$ 度数的一半，即 $\angle GAB = \frac{1}{2}\overparen{AB} = \angle APB$（或 $\angle DPB$），或者简写成 $\angle GAB = \angle DPB$。由此能够确定 $\angle DZB = \angle GAB$，它们是平行线 AG 和 XDZ 被直线 ABZ 截得的内错角。因此，西姆森线平行于点 A 处的切线。

利用西姆森定理及其逆定理，可以得到相当多非常有趣的几何关系。在这里我们讨论其中的一部分关系[①]。

1. 如图2.11所示，$\triangle ABC$ 的 AB、BC、CA 三边被一条截线分别截于 Q、R、S 三点，$\triangle ABC$ 的外接圆和 $\triangle SCR$ 的外接圆相交于点 P。由于点 P 在 $\triangle ABC$ 的外接圆上，因此 X、Y、W 三点共线（西姆森定理）。同理，由于点 P

[①] 这些关系的证明可参见 A. S. Posamentier and C. T. Salkind, *Challenging Problems in Geometry*（New York: Dover Publications, 1996）. ——原注

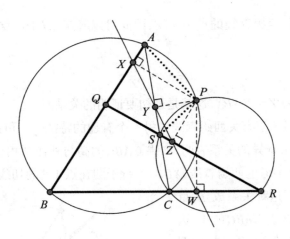

图2.11

也在△SCR的外接圆上,因此Y、Z、W三点共线。由此得出X、Y、Z三点共线。于是根据西姆森定理的逆定理,点P必位于△AQS的外接圆上。令人惊讶的是,四边形APSQ也是一个圆内接四边形。

2.在图2.12中,一个直角三角形(∠A = 90°)内接于一个以O为圆心的圆。△ABC关于点P的西姆森线XYZ与直线AP相交于点M。这里得到的新奇结果是,MO垂直于AP,垂足为M。

3.在图2.13中,我们注意到线段AB、BC、EC、ED相交构成4个三角形:△ABC、△FBD、△EFA、△EDC。当画出每个三角形的外接圆时,可以

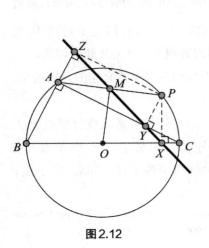

图2.12

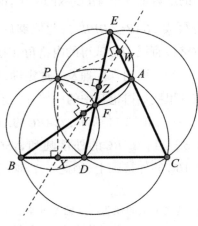

图2.13

发现它们相交于一个公共点P。

密克尔定理

在前面那个例子中,我们发现4个三角形的外接圆有一个公共交点。类似地,还存在着另一个三圆通过同一公共点的关系。不过,它们要在另一个三角形辅助下才能产生关联。这一关系被称为**密克尔定理**(Miquel's theorem),它是以法国数学家奥古斯特·密克尔(Auguste Miquel,1816—1851)的名字命名的。1838年,他在《刘维尔纯粹与应用数学杂志》(*Journal de Mathématiques Pures et Appliquées de Liouville*)上陈述了一种关系。如今人们认为威廉·华莱士和雅各布·施泰纳(Jakob Steiner,1796—1863)都已知道了这一关系,但它的命名只用了密克尔的名字。这一关系陈述如下:

如果在一个三角形的每条边上都选取一点,那么由三角形的每个顶点及其相邻两边上对应两点所确定的圆都通过同一公共点。

图2.14示意了这一关系,其中的三个圆各自通过△ABC两条邻边上对应两点和两边之间的顶点,并且这三个圆都通过同一公共点。这个点被称为**密克尔点**(Miquel point)。

我们用△ABC各边**延长线**上的点所确定的圆,也可以得出密克尔点,其构型看起来会如图2.15所示。

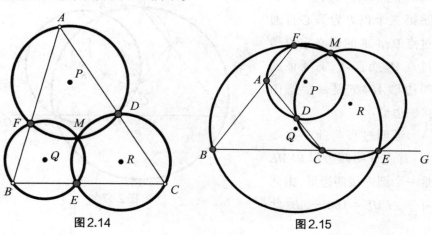

图2.14   图2.15

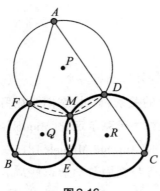

图2.16

在以上两种情况下,每个圆都通过△ABC各边(或其延长线)上的两个点和它们之间的顶点。此外,这三个圆还有一个公共点M。

这一结论的证明相当简单,其过程如下。先考虑点M在△ABC内部(如图2.16所示)这一情况。此时点D、E、F分别是AC、BC、AB三条边上的任一点。首先考虑分别由F、B、E和D、C、E确定的圆Q和圆R,它们相交于点M。现在,我们连接线段MF、ME、MD。

由于四边形BFME是一个圆内接四边形,而圆内接四边形的对角是互补的,因此∠FME = 180°−∠B。

同理,四边形CDME也是一个圆内接四边形,因此∠DME= 180°−∠C。

当把这两个角相加,就得到∠FME +∠DME = 360°−(∠B+∠C),即∠B+∠C = 360°−∠FME−∠DME =∠DMF。而我们注意到在△ABC中,∠B+∠C = 180°−∠A。于是∠DMF = 180°−∠A,由此可以得出结论:四边形AFMD是一个圆内接四边形。而这又可以得出结论:通过点D、A、F的圆与另两个圆有一个公共点,即点M。

在图2.17中,点M在△ABC外部。这一次考虑以Q和R为圆心的两个圆的交点M,并且再一次证明第三个以P为圆心且通过点D、A、F的圆必定也通过点M。换言之,需要证明四边形ADMF是一个圆内接四边形。

证明过程与前一次类似。首先证明四边形BFME是一个圆内接四边形,由此可知∠FME = 180°−∠B。此

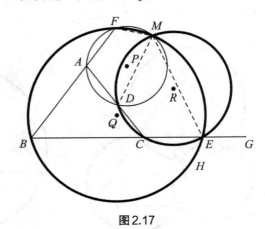

图2.17

超越直线的数学探索

神奇的圆

26

外,四边形 $CDME$ 也是一个圆内接四边形,因此 $\angle DME = 180° - \angle DCE$。不过这一次我们将两个角的度数相减,得到 $\angle FMD = \angle FME - \angle DME = \angle DCE - \angle B$。又由于三角形(在本例中是 $\triangle ABC$)的外角等于不相邻两角的内角之和,因此我们有 $\angle DCE = \angle BAC + \angle B$。现在将 $\angle DCE$ 代入前一个等式,可得到 $\angle FMD = \angle BAC = 180° - \angle FAD$。因此 $\angle FMD$ 和 $\angle FAD$ 是互补的,四边形 $ADMF$ 也是一个圆内接四边形。由此证明了以 P 为圆心的圆与另两个圆有一个公共点,即**密克尔点**,点 M。

图2.17中令人惊奇的还不止这些。连接三角形的密克尔点与密克尔三角形(即确定密克尔点的 $\triangle DEF$)各顶点 D、E、F 的线段,会与原三角形的各边分别构成一些相等的角,例如 $\angle BEM = \angle ADM$,因为这些角都与 $\angle AFM$ 互补。对于其他角也可以进行类似的论证。

应该注意到,点 D、E、F 也可以全部在三角形各边的延长线上,同样会产生密克尔点,参见图2.18。我们将此例的证明留给感兴趣的读者。

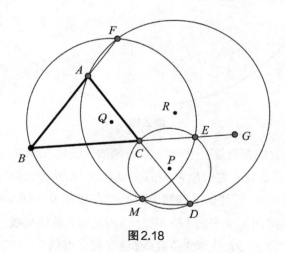

图2.18

在密克尔点的基础上还能找到许多非常惊人的关系。现在让我们来探索其中的一些,以充分理解在圆的世界中发生的那些引人注目的事情。首先考虑图2.19所示的4条直线,它们构成了4个三角形。这些三角形是: $\triangle ABD$、$\triangle BFE$、$\triangle CDE$、$\triangle ACF$。当我们作出每个三角形的外接圆时,会出

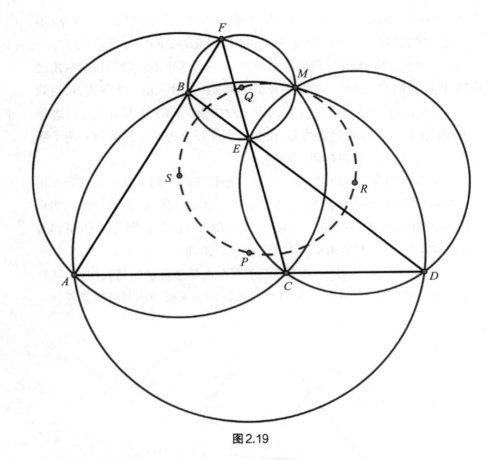

图2.19

乎意料地发现它们都通过一个公共点 M,例如这既是 △ABD 关于 C、E、F 的密克尔点,也是 △ACF 关于 B、E、D 的密克尔点。此外,由这个图还可得出一个令人惊讶的结论,那就是这四个圆的圆心 P、Q、R、S 都在同一圆上。

假设不是用图 2.19 中的 4 条相交线,而是取 5 条相交线。如果我们考虑这些直线的方式是每次取 4 条直线,最终就会得到 5 个密克尔点,结果会发现它们都在同一个圆上——称为**密克尔圆**(Miquel circle)。此外,正如上文中表述的,每组 4 条直线都构建了一个通过 4 个外接圆圆心的圆。再进一步,我们会注意到,这 5 个圆都经过同一公共点。我们留待志存高远的读者来画出这幅构型图。

密克尔定理的另一种变化形式如下。取一个任意圆,并在圆上选择 4

个点 A、B、C、D,然后通过每两个相邻的点作圆。将每一对相邻圆的其他相交点标为 K、R、L、N,则这些点也在同一圆上,如图2.20中的虚线所示。

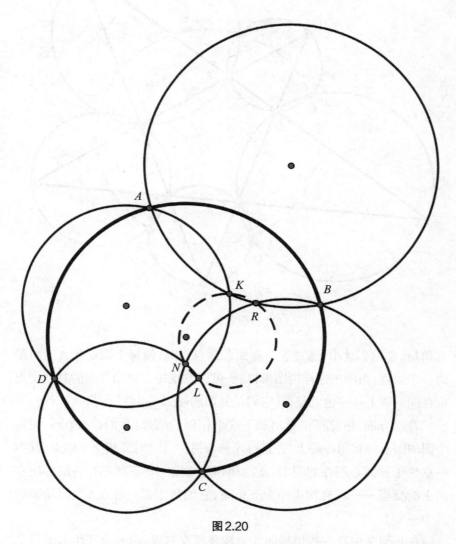

图2.20

密克尔定理可以推广到三角形以外的多边形。举例来说,5个点 A、B、C、D、E,其中没有任何三点在同一直线上,用5条直线按字母顺序连接它们。我们会得到一个随机作出的五边形,当延长其各边时,就会得到一个

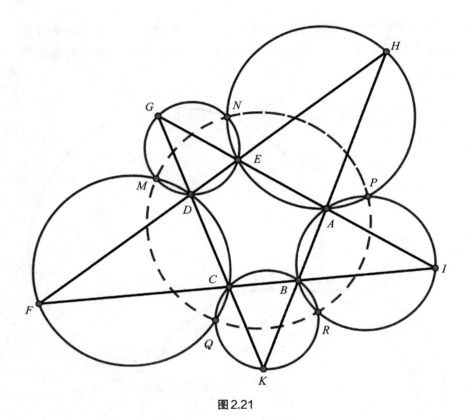

神奇的圆

图2.21

五角星。在图2.21中,通过五边形的各顶点作圆,使每个圆还包含五角星的一个顶点。当画出这样的图形以后,可以发现每一对相邻圆的其他交点也在同一圆上——也就是说,它们是**共圆的**(concyclic)。

另一方面,由此可推导出如下这个相似的结果:我们作5个圆,使每个圆的圆心都在同一圆上,并且每个圆与另一(搭档)圆相交于两点,其中一点位于各圆心所在的圆上。连接相邻的交点——那些不在各圆心所在圆上的交点——就会构成一个五角星,它的每个顶点各在5个原始圆的其中一个上。

在几何学中有一些很棒的关系涉及密克尔点。当一个三角形的每个顶点都在另一个三角形的边上时,我们就称前一个三角形内接于后一个三角形。因此,当两个三角形内接于同一个三角形,并有共同的密克尔点时，它们就是相似三角形。为了使图形不太复杂，我们在图2.22中省略了确定密克尔点的外接圆。在图中可以看到，内接于△ABC的△FDE和△F'D'E'具有一个公共的密克尔点，因而它们就是相似三角形。

当我们考虑由密克尔圆的圆心所构成的三角形时，也会产生相似三角形。在这种情况下，我们发现新三角形与原三角形相似。在图2.23中，3个密克尔圆的圆心[①]所构成的三角形与原△ABC相似。

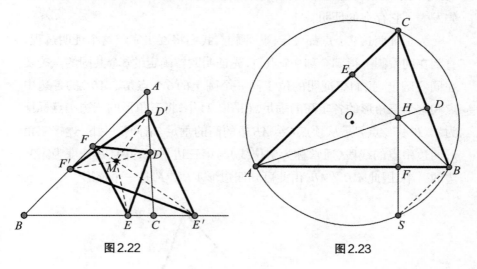

图2.22   图2.23

九点圆

显而易见，任何三个不共线的点都会确定一个圆。当我们在圆上取另一个点时，就会得到一个圆内接四边形的各顶点。多年来一直深深吸引着数学家的，是要判断除了三角形的三个顶点之外，还有哪些点也能在同一圆上。1765年，著名的瑞士数学家莱昂哈德·欧拉(Leonhard Euler, 1707—1783)证明了在一个三角形中实际上有6个点会在同一圆上，即三角形各边的中点和该三角形各条高的垂足。稍晚一些，在1820年，法国数学家夏尔·朱利安·布里昂雄(Charles Julien Brianchon, 1783—1864)和让-维克

---

① 圆心P、Q、R在图2.23中没有标示，可参考图2.16。另外，图2.23中的点H是△ABC的重心。——译注

托·彭赛列(Jean-Victor Poncelet,1788—1867)发表了一篇论文,题为《在4个给定条件下确定一条等边双曲线》(*Recherches sur la détermination d'une hyperbole équilatère, au moyen de quatres conditions donnée*),论文中证明了欧拉发现的六点圆上还有另外三个与三角形相关的点:从各顶点到垂心(三条高的交点)的线段的中点。虽然他们是最早把这个圆命名为**九点圆**的人,但他们很可能并不是首先认识到这种关系的人。无论如何,他们首先发表了它存在的证明。

为了证明这9个点都位于同一圆上,我们将逐步完成这个证明过程,直到在同一圆上得到全部9个点。首先证明欧拉确定的6个共圆的点确实在同一圆上。我们想证明的位于同一个圆上的6个点是△ABC的各边中点和这个三角形的各条高的垂足。在图2.24中,将三角形的三边中点标记为A'、B'、C'。点F是从顶点C到AB边的高的垂足。请回忆一下,连接三角形两边中点的线段(通常称为中位线)与第三边平行,并且其长度为第三边的一半。因此$A'B'$∥AB,由此可知四边形$A'B'C'F$是一个梯形。

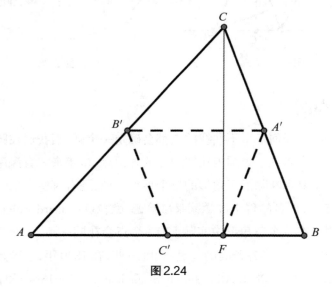

图2.24

由于线段$B'C'$也是△ABC的一条中位线,因此可得到

$$B'C' = \frac{1}{2}BC \text{。}$$

我们还可以证明,直角三角形斜边上的中线等于斜边的一半①。因此,对于直角△BFC,我们有

$$A'F = \frac{1}{2}BC 。$$

于是可得 $B'C' = A'F$,由此可知梯形 $A'B'C'F$ 是一个等腰梯形。于是可以得出结论:这个梯形的对角是互补的,因此这个梯形就是一个圆内接四边形。这意味着已知一条高的垂足,我们证明了它与三角形各边中点位于同一圆上。再对另两条高的垂足重复这一过程,在每种情况下它们都与三角形各边中点位于同一圆上。因此,我们证明了,三条高的垂足与△ABC各边中点都位于同一圆上。这就是欧拉提出六点圆时所做的推断。现在的任务是看看我们是否能够对此进行拓展,以证明连接各顶点与垂心(三条高的交点)的各线段中点也位于已经确立的这个六点圆上。

为了进一步把余下的三个点也放置在现在已经确立的六点圆上,再次考虑△ABC的垂心H,并用点M来标记线段CH的中点。由此可以发现,线段B'M是△ACH的一条中位线。因此,B'M平行于AH(或高AD),如图2.25所示。

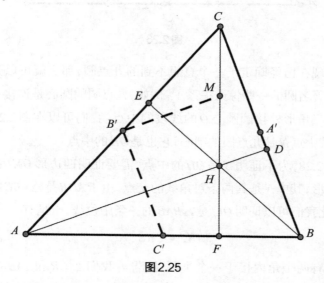

图2.25

① 对此可证明如下:由于△BCF是一个矩形的一半,而点A'是这个矩形的两条对角线交点,因此它与矩形的三个顶点B、C、F等距。——原注

由于 $B'M$ 和 $B'C'$ 分别平行于两条相互垂直的直线 AD 和 BC，因此它们也互相垂直。于是四边形 $MB'C'F$ 就是一个圆内接四边形，这是因为它的一对对角是直角，于是它们互补，满足了圆内接四边形的条件。现在点 M 就在六点圆上了，我们确定了一个七点圆。通过对线段 BH 和 AH 的两个中点重复这一过程，我们最终可确定九点圆，如图 2.26 所示。

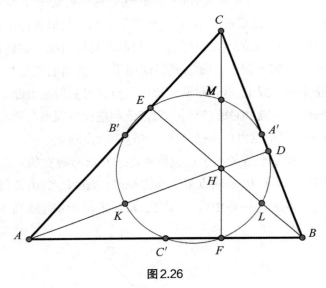

图 2.26

既然现在已经确定了一个意想不到的九点圆，那么就可以开始探究涉及这个著名圆的一些惊人关系了。例如，九点圆的圆心是连接三角形垂心 H 和该三角形外接圆圆心 O 的线段的中点。我们可以在图 2.27 中看到这一点，其中点 N 是九点圆的圆心，它也是 OH 的中点。

如图 2.28，为了证明 N 是 OH 的中点，需要证明四边形 $OMHC'$ 是一个平行四边形，其中 N 是其两条对角线的交点。由于 AOR 是 $\triangle ABC$ 的外接圆直径，因此我们可以证明 OC' 是 $\triangle RAB$ 的一条中位线，于是有

$$OC' = \frac{1}{2}RB 。$$

图中有两个角内接于一个半圆，这告诉我们 $\angle ACR$ 和 $\angle ABR$ 是直角，从而可推断出 $RB /\!/ CF(CH)$ 以及 $CR /\!/ BE(BH)$。于是可以得出结论：四边形 $CRBH$ 是一个平行四边形，$RB = CH$。由此可以知道

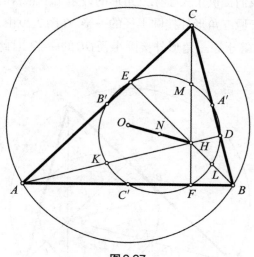

图 2.27

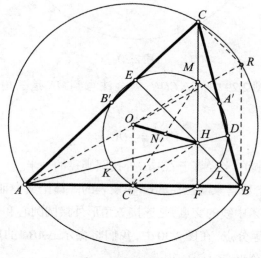

图 2.28

$$OC' = \frac{1}{2}CH = MH 。$$

由于 OC' 与 MH 平行且相等,因此我们可以推断出四边形 $OMHC'$ 是一个平行四边形。由于平行四边形的两条对角线相互平分,因此点 N 就是 OH 的中点。

九点圆为我们提供了关于原三角形的许多出乎意料的关系。例如,九点圆的半径等于原三角形外接圆半径的一半。在图2.29中,我们将揭示九点圆的半径 MN 等于原三角形外接圆半径 OC 的一半。对此可以进行如下证明。

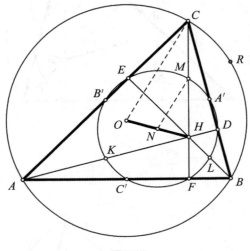

图2.29

　　仔细观察图2.29中的 $\triangle COH$,就会注意到 MN 是三角形的中位线,因此

$$MN = \frac{1}{2}OC。$$

也就是说,九点圆的半径等于 $\triangle ABC$ 外接圆半径的一半。

　　著名的瑞士数学家欧拉在1765年发表的一篇论文中证明:三角形的质心(三角形三条中线的交点)是连接三角形外接圆圆心和九点圆圆心的线段的一个三等分点。在图2.30中,我们将揭示 $\triangle ABC$ 的质心 G 是线段 OH 的一个三等分点,也就是说

$$OG = \frac{1}{3}OH。$$

由此,线段 OH 被称为该三角形的**欧拉线**(Euler line)。

　　在图2.30中,我们知道 $OC' /\!/ CH$,也知道

$$OC' = \frac{1}{2}CH,$$

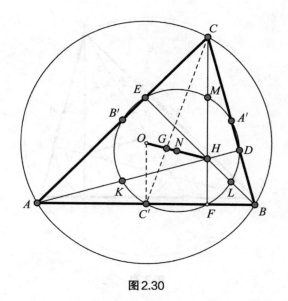

图2.30

因此我们可以得出 $\triangle OGC'$ 和 $\triangle HGC$ 是相似三角形,且它们的相似比为 $1:2$。这意味着其对应边(在本例中是 OG 和 HG)成这一比例,或者说

$$OG = \frac{1}{3}OH。$$

现在我们还要证明点 G 是该三角形的质心。根据我们刚刚确定的相似三角形,可以知道

$$GC' = \frac{1}{2}GC。$$

即

$$GC' = \frac{1}{3}C'C。$$

我们知道质心是每条中线的三等分点,因此点 G 必定是该三角形的质心。这样我们就确定了三角形的质心是欧拉线的一个三等分点。

在这个构型中,我们还可以确定另一个特殊的共线关系。在图2.31 中,我们注意到线段 CK(其中 K 是 $\triangle ABC$ 的外接圆直径 CJ 与 AB 边的交点)的中点 X、高 CF 的垂足 F,以及九点圆的圆心 N 是共线的。

利用目前所掌握的关于九点圆的信息,我们可以得出一个相当宽泛的结论,即内接于一给定圆并具有一个共同垂心的所有三角形也都共享

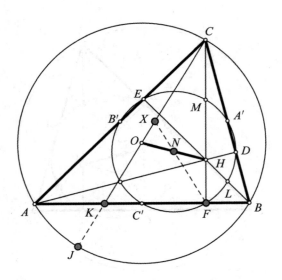

图2.31

同一个九点圆。为了证明这一点,我们来回顾这样一个事实:这些三角形全都必须共享同一条欧拉线,而这条欧拉线则是由三角形外接圆圆心 O 和三角形垂心 H 决定的。我们还知道,OH 的中点是九点圆的圆心。此外,九点圆的半径等于外接圆半径的一半,而外接圆半径的长度我们当然是知道的。因此,我们就有足够的信息来确定一个九点圆,而这个九点圆会是所有共享同一个外接圆和同一个垂心的三角形所共有的。

说到垂心,如果我们从垂心 H 延长一条高,使它与外接圆相交于点 S (见图2.32),我们就会发现这条高的垂足(与三角形一边的交点 F)正好平分以垂心 H、交点 S 为端点的线段。

为了帮助我们证明这个意料之外的中点,我们在图2.32中添加了一些数字,以便于识别。如果我们能证明 $\triangle HBS$ 是等腰三角形,那么就可以断定 F 是 HS 的中点。首先注意到 $\angle BSC$ 和 $\angle BAC$ 都等于弧 BC 度量的一半,因此它们是相等的,即 $\angle 1 = \angle 2$。还可以看出 $\angle 3 = \angle 4$,而它们都与 $\angle 5$ 互余。又 $\angle 1$ 也与 $\angle 5$ 互余,于是我们可以通过一系列等式推断出 $\angle 3 = \angle 2$,由此确定 $\triangle HBS$ 是等腰三角形,从而 F 就是 HS 的中点。

在考虑将一条高延长到三角形的外接圆时,我们注意到三角形的顶

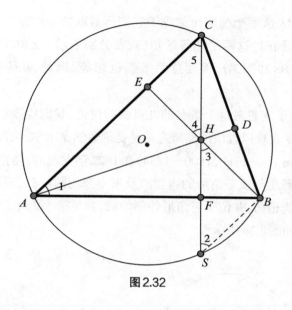

图2.32

点正好位于由其左右两条高的延长线与圆的交点所确定的那段圆弧的中点。我们在图2.33中证明顶点 B 是圆弧 TS 的中点。证明如下。首先需要确定四边形 $AFDC$ 是一个圆内接四边形。由于 $\angle AFC$ 和 $\angle ADC$ 是直角，因此可以推断出四边形 $AFDC$ 是一个圆内接四边形。在圆 $AFDC$ 中，我们注意到

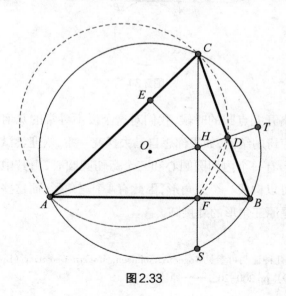

图2.33

∠DCF和∠DAF这两个圆周角都等于它们所截取的$\overset{\frown}{DF}$的一半。因此,这两个角相等。同时,这两个相等的角(现在分别表示为∠BCS和∠TAB)又分别截取弧BS和弧TB,因而这两条弧也相等。因此,B是弧TBS的中点。

现在,为了完善对这个著名的九点圆的讨论,我们应该指出,九点圆最重要的又令人难以置信的性质之一是德国数学家卡尔·威廉·费尔巴哈(Karl Wilhelm Feuerbach,1800—1834)在1822年发现的。他指出,一个三角形的九点圆还与该三角形的内切圆及三个旁切圆(与三角形一边及另两边的延长线相切,并位于三角形外部的圆;参见第5章以了解更多相关内容)相切,如图2.34所示[①]。

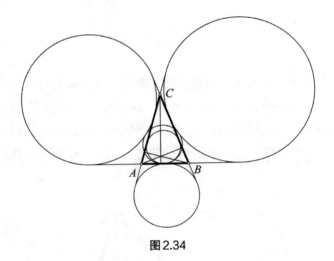

图2.34

在即将离开九点圆的时候,我们对这个极不寻常的几何结构再举出一些更令人惊讶的结论,如果你想自己去探究一番,欢迎尝试。

● 三角形有一个内切圆圆心和三个旁切圆圆心,由其中的任意三个圆心为顶点可以构成一个三角形,因此有4个三角形,而这些三角形的九点圆正好就是原三角形的外接圆。

---

① 这条定理的几种证明可参见 Roger A. Johnson, *Modern Geometry*(Boston:Houghton, Mifflin, 1929), pp.200-205. ——原注

- 在图2.33中，如果点 H 是△ABC 的垂心，那么我们就可以证明点 A 是△HBC 的垂心，点 B 是△HAC 的垂心，而点 C 是△HAB 的垂心。
  - 出乎意料的是，这4个三角形都共享一个九点圆。
  - 此外，这个九点圆与上一个命题中构成的4个三角形所共享的那个九点圆具有同一个圆心。
  - 不仅如此，这些三角形的4个外接圆的半径也相等。
- 如果一些三角形具有一个固定的顶点和一个固定的九点圆，那么这些三角形的外接圆圆心的点集是一个圆。
- 对于△ABC，已知点 O 是其外接圆圆心，点 I 是其内切圆圆心，而点 E 则是与该三角形的 BC 边相切的旁切圆圆心，这三个圆的半径分别是 R、r、e。此外，点 N 是其九点圆圆心，点 G 是△ABC 的质心。那么以下各关系成立：
  - $OE^2 = R^2 + 2Re$；
  - $OI^2 = R^2 - 2Rr$；
  - $IN = \dfrac{1}{2}R - r$；
  - $EN = \dfrac{1}{2}R + e$；
  - $R^2 - OG^2 = \dfrac{1}{9}(AB^2 + BC^2 + AC^2)$。
- 对于△ABC，已知其重心是点 H，外接圆圆心是点 O。我们令△BHC、△CHA、△AHB 的外接圆圆心分别为点 D、E、F。在这个构型中以下结果成立：
  - 点 O 是△DEF 的垂心；
  - 点 H 是△DEF 的外心；
  - 点 A、B、C 分别是△EOF、△FOD、△DOE 的外接圆圆心；
  - 以下所有三角形共享同一个九点圆：△ABC、△DEF、△BHC、△CHA、△AHB、△EOF、△FOD、△DOE。

阿贝洛斯

我们相信著名希腊数学家阿基米德（Archimedes，前287—前212）发现了一个相当著名的几何图形的各种性质，这个几何图形通常被称为**阿贝洛斯**（arbelos）①或**鞋匠的刀**（shoemaker's knife）。如图2.35所示，它是由三个半圆界定的那个非阴影部分，其中两个较小半圆的直径之和等于较大半圆的直径。

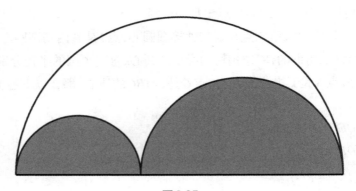

图2.35

关于这一构型，首先要注意的一点是，两个较小的半圆弧的总长度等于最大的半圆弧的长度。使用图2.36中的标记（三个半圆的半径是 $AD =$

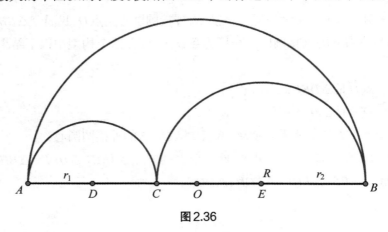

图2.36

① "arbelos"是希腊语，意即"鞋匠的刀"。——译注

r_1，$BE = r_2$，$BO = R$），我们注意到两个较小的半圆弧的长度之和是 $\pi r_1 +$
$\pi r_2 = \pi(r_1 + r_2) = \pi R$，即最大的半圆弧的长度。

让我们利用一些辅助线来探究阿贝洛斯。如图2.37所示，过点C作线
段AB的一条垂线，与最大半圆相交于点H。然后，作两个较小半圆的一条
公切线，切点分别是F和G，并与线段HC相交于点S。最后，从点D向半径
GE作垂线，垂足为点J。

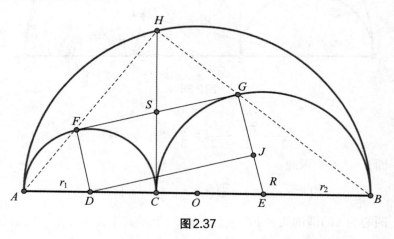

图2.37

△AHB是一个直角三角形，并且它斜边上的高HC是斜边上两条线段
（即AC和BC）的比例中项。根据这一关系，我们得到 $HC^2 = 2r_1 \cdot 2r_2 = 4r_1r_2$。
又因为四边形DFGJ是一个矩形，所以 $FG = JD$。我们还有 $JE = r_2 - r_1$，$DE =$
$r_2 + r_1$。如果对△DJE应用勾股定理，就得到 $JD^2 = (r_2 + r_1)^2 - (r_2 - r_1)^2 = 4r_1r_2$，
于是有 $FG^2 = 4r_1r_2$。因此，$HC = FG$。在此基础上更进一步，注意到SC是两个
较小半圆的内公切线，因此就有 $SF = SC = SG$。于是我们可以得出这样的
结论：FG和HC这两条线段相互平分，且具有相同的长度。因此，以点S为
圆心的一个圆将包含点F、C、G、H。图2.38揭示了这一点。

现在，在确立了这个意想不到的圆之后，我们可以证明它与阿贝洛斯
有着一种非常特殊的关系，即这个圆的面积等于阿贝洛斯的面积，而阿贝
洛斯这个图形是由三个半圆构成的。可以很容易地通过以下方式证明。

用最大半圆的面积减去两个较小半圆的面积，就可以得到阿贝洛斯
的面积：

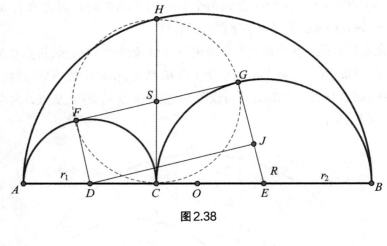

图2.38

$$\frac{\pi R^2}{2} - \frac{\pi r_1^2}{2} - \frac{\pi r_2^2}{2} = \frac{\pi}{2}\left(R^2 - r_1^2 - r_2^2\right)。$$

而 $R = r_1 + r_2$，因此

$$\frac{\pi}{2}\left(R^2 - r_1^2 - r_2^2\right) = \frac{\pi}{2}\left(\left(r_1 + r_2\right)^2 - r_1^2 - r_2^2\right) = \pi r_1 r_2。$$

圆心为 S 的圆的直径 FG 等于 $2\sqrt{r_1 r_2}$，于是其半径等于 $\sqrt{r_1 r_2}$，而其面积等于 $\pi r_1 r_2$，这与阿贝洛斯的面积相等。

如图2.39所示，在阿贝洛斯中还有一个意想不到的几何性质，即线段 AH 和 BH 分别经过点 F 和点 G——不可思议的共线性出现了。

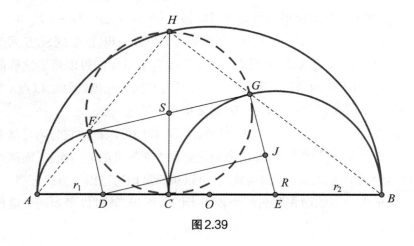

图2.39

除了以上关系之外,还有许多与阿贝洛斯有关的关系,其中一个如图 2.40 所示。我们要找到两个较小半圆弧的中点,点 P 和点 U,以及最大半圆(关于直线 AB)的镜像中点 Q。现在,我们将证明图中阴影四边形的面积等于两个较小半圆的半径的平方和。

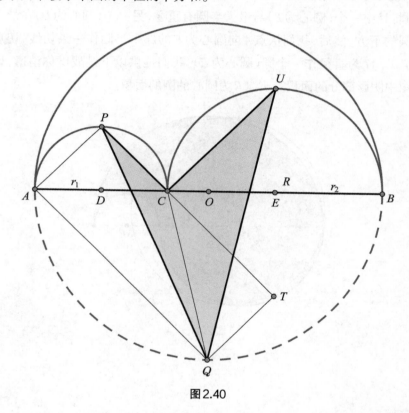

图 2.40

由于 $\angle APC$ 内接于一个半圆,因此它是一个直角。另外,由于点 P 和点 Q 是它们各自所在半圆的中点,因此 $\angle PAC = 45° = \angle QAC$,于是 $\angle PAQ$ 就是一个直角。在 PC 延长线上作垂线 QT,就构建了一个矩形。

当两个三角形同底等高时,它们具有相同的面积。$\triangle PCQ$ 和 $\triangle APC$ 的情况就是如此,因此它们的面积相等。于是 $S_{\triangle PCQ} = S_{\triangle APC} = \frac{1}{4}(2r_1)^2 = r_1^2$。

以类似的方式,可以证明 $S_{\triangle UCQ} = S_{\triangle UBC} = \frac{1}{4}(2r_2)^2 = r_2^2$。

因此,阴影四边形的面积就等于 $r_1^2 + r_2^2$。

一些乐趣

考虑下列问题也许会给你带来一些乐趣：当不同的圆相交时（如图 2.41 所示），证明有关面积的一个等式。沿着最大半圆的直径 AB 还有两个半圆：其中一个（圆心为 E）与最大半圆有重叠，另一个（圆心为 D）在最大半圆的下方。然后，我们从点 A 向圆心为 E 的那个半圆作一条切线，切点为 T。以 AT 为直径作一个圆（圆心为 R）。我们提供以下挑战供你消遣：证明图中阴影部分的面积等于以 R 为圆心的圆的面积。

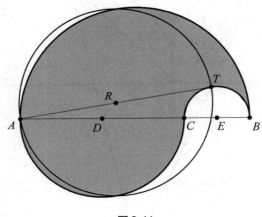

图2.41

第3章 关于圆的一些著名定理

在本章中,我们将会看到关于圆的一些有趣的、具有娱乐性的,但可能不那么"重要"的结论。当然,实际上很难断定哪些结论是"重要的",所以我们将从一些非常著名的结论开始,然后进入一个较少得到探索的领域。所有这些奇特的关系都有一个共同点,就是除了它们出乎意料的结论之外,圆在每一种关系中都扮演了重要角色。

帕斯卡定理

我们从一个相当经典的定理开始,这个定理以法国数学家布莱兹·帕斯卡(Blaise Pascal, 1623—1662)命名:**帕斯卡定理**(Pascal's theorem)。

设点 A、B、C、D、E、F 为一个六边形的各顶点,这些顶点全都位于圆 c 上,那么这个六边形的各对边交点(即 $P = AB \cap DE$,$Q = BC \cap EF$,$R = CD \cap FA$)都位于同一直线 l 上。图 3.1 揭示了这一点。

假设我们现在把点 A、B、C、D、E、F 移动到其他位置,并沿着圆 c 以另一种顺序排列,同时保持之前考虑的六边形对边关系。我们发现之前确定的对边交点的共线关系仍然成立,如图 3.2 所示。附录 A 对此给出了一个证明。

这个定理有许多有趣的结论。也许最值得注意的是这样一个结论:它

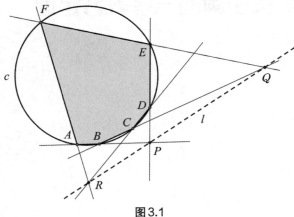

图3.1

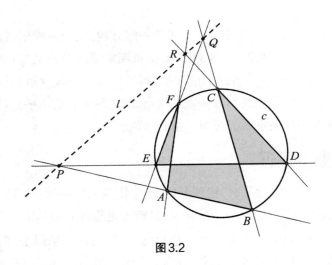

图3.2

不仅适用于圆,而且适用于所有类型的圆锥曲线[①]。

　　想象给图3.1拍一张照片,并检验得到的图片(图3.3显示了这样一张图片)。一般而言,透视会导致圆看起来像椭圆。当然,直线看起来仍然是直线,因此点P、Q、R位于同一直线上这个结论仍然成立。

————————

① 圆锥曲线包括圆、椭圆、双曲线和抛物线。——原注

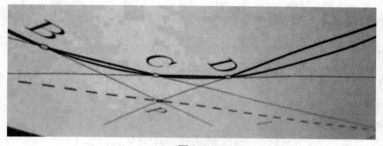

图3.3

有趣的是,圆(实际上是圆的一部分)在照片中看起来也可能会像抛物线或双曲线的一部分,尽管这种效果更难实现。为了做到这一点,相机必须保持与圆所在的平面几乎成直角。你可能会想用自己的相机试试,效果确实相当令人惊讶(注意:如果你使用一个非常大的圆,这可能会更容易实现)。

这意味着帕斯卡定理对于椭圆、抛物线或双曲线上的6个点也成立。有趣的是,如果6个点交替位于两条直线上,这个结论仍然成立,如图3.4所示。

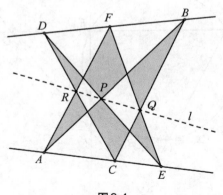

图3.4

这两条直线在某种意义上可以看作是退化的圆锥曲线。这个结果被称为**帕普斯定理**(Pappus's theorem),它是以著名古希腊数学家亚历山大的帕普斯(Pappus of Alexandria,公元290—350)的名字命名的。另外,如果六边形的某些点重合,如点C和点E重合,那么帕斯卡定理也成立,如

图3.5所示。

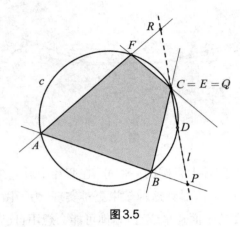

图3.5

在这张图中,由于 CD 即 DE,且点 Q、C、E 重合,因此 P、Q、R 这三个点全都在直线 CD(或 DE 或 l)上。

在图3.6中,我们看到的是点 C 与点 D 重合时的情况。在这种情况下,直线 RD 在点 $C(D)$ 处与圆 c 相切,点 P、Q、R 再次共线。

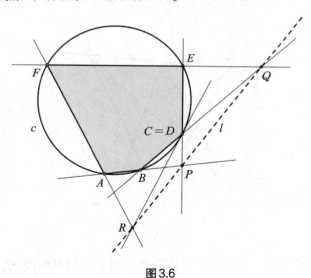

图3.6

为了进一步考察这种奇妙的关系,我们甚至可以在点 C 与点 D 重合后,再让点 E 与点 F 重合,如图3.7所示。此时点 P、Q、R 再次共线。

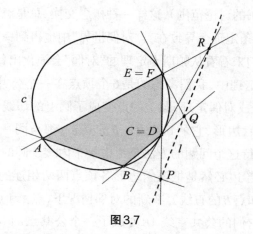

图3.7

帕斯卡定理的另一个有趣的结论可以通过在此构型中交换点和线的角色而得到。这一概念在射影几何中被称为**对偶原理**(duality principle)，其中**点**和**线**这两个词是可以互换的。这表现在以下方面：一个圆可以被看作是无穷多个点 $P_1, P_2, P_3, \cdots$ 构成的集合，如图3.8左侧的圆所示。

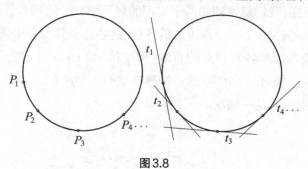

图3.8

在这无穷多个点的每一个位置，都存在着圆的唯一一条切线。因此，假设 t_1 是点 P_1 处的切线，t_2 是点 P_2 处的切线，以此类推，我们就有了圆 c 的无穷多条切线。

对偶原理基于点集与线集是可互换的这一概念——在本例中，这些线就是切线。我们可以把圆 c 看成是点集，也可以看成是线集——在本例中就是切线集。同时，当我们交换圆 c 的点和切线的角色时，我们也交换了适用于这种情况的所有定理中的点和线的角色。可以证明（尽管相当冗长而超出了本书的讨论范围），这样一种概念交换，总是意味着在一个"世界"中成立的一条定理会导致在其"对偶世界"中也得到一条定理。

现在让我们来看看从帕斯卡定理的"对偶"会演化出什么。

在帕斯卡定理中，我们考虑的是 6 个顶点在一个公共圆上的六边形的性质。把它变成对偶定理，圆上的点变成了圆上的切线，于是现在要考虑的就是一个六边形，它的 6 条边 a、b、c、d、e、f 都与同一圆 o 相切（见图 3.9）。另一种看待这个问题的方法是考虑一个内接于圆的六边形。原先构型中的六边形各边必然是把该六边形各顶点两两相连的直线（例如，AB 边是连接点 A 和点 B 的直线）。在新的对偶情况下，点 A 和点 B 变成了直线 a 和直线 b，而它们的公共直线 AB 变成了一个公共点 $a \cap b$。另一方面，两条直线的公共点现在变成了两个点的公共直线，即连接这两个点的直线。例如，在原先构型中的点 $P = AB \cap DE$，现在变成了一条连接两个点（表示为 $a \cap b$ 和 $d \cap e$）的直线。此外，三个共线点 P、Q、R，即共享同一直线 l 的三个点，现在变成了共享同一个点 L 的三条直线 p、q、r。

综上所述，我们就得到帕斯卡定理的以下"对偶"定理：

设 a、b、c、d、e、f 为一个六边形的各边，这些边全都与一个圆 o 相切，那么连接这个六边形各对顶点的直线（即连接 $a \cap b$ 和 $d \cap e$ 的 p、连接 $b \cap c$ 和 $e \cap f$ 的 q、连接 $c \cap d$ 和 $f \cap a$ 的 r）就都通过同一个点 L。

图 3.9 揭示了这一情况。

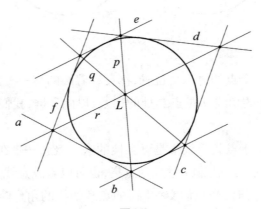

图3.9

这个事实被称为**布里昂雄定理**(Brianchon's theorem),是以法国数学家布里昂雄的名字来命名的。当然,我们在这里看到的并不是一个证明,因为我们没有对对偶原理进行过证明。可以单独证明布里昂雄定理,附录B给出了这样一个证明。

有意思的是,我们注意到布里昂雄定理的发现(19世纪)要比帕斯卡定理的发现(17世纪)晚得多,尽管按照某种阐释方式,它们可以被认为完全是一回事!当然,直到19世纪对偶原理才被发现。并且要知道,帕普斯定理从公元4世纪起就为人们所知晓了。

一个三角形的热尔岗点

现在我们已经知道了布里昂雄定理,下面可以研究一下,如果允许圆的切线彼此靠近,那么会发生什么。在图3.10中,左图与揭示布里昂雄定理的图3.9相同;右图的切线 a、c、e 仍然保持不变,但是切线 b、d、f 分别移到了 a、c、e 附近。

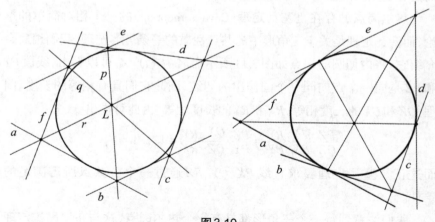

图3.10

现在这个圆外切六边形看起来很像是一个圆外切三角形。考虑图3.10右边的三个交点,即 $a \cap b$、$c \cap d$、$e \cap f$,它们看起来就好像是这个"内切圆"与"三角形"的切点;而另外三个交点,即 $b \cap c$、$d \cap e$、$f \cap a$,它们看起来就好像是这个"三角形"的顶点。这似乎意味着,将一个三角形的三个顶点分别与其对边上的内切圆切点连起来,所得的三条直线必定会经过一个公共点,如图3.11所示。

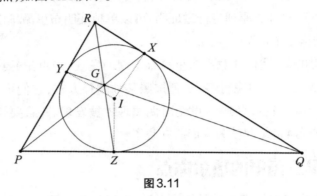

图3.11

事实上确实如此,这个公共点G被称为该三角形的**热尔岗点**(Gergonne point),它是以法国数学家约瑟夫·迪亚兹·热尔岗(Joseph Diaz Gergonne,1771—1859)的名字命名的(请注意:G不同于三角形的内心I,而内心当然就是三角形三条内角平分线的交点)。

热尔岗点的存在是**塞瓦定理**(Ceva's theorem)的一个相对简单的推论,而塞瓦定理是关于三角形中的共点性质的一条著名定理,我们稍后会介绍它。将内切圆的切点如图3.11所示命名为X、Y、Z,可以看出,线段PY和PZ是同一个点向同一个圆作出的切线,因此它们具有相等的长度。同理,QZ和QX的长度相等,RX和RY的长度相等。由此可推出

$$\frac{PZ}{QZ} \cdot \frac{QX}{RX} \cdot \frac{RY}{PY} = \frac{PZ}{PY} \cdot \frac{QX}{QZ} \cdot \frac{RY}{RX} = 1 \cdot 1 \cdot 1 = 1,$$

而这正是塞瓦定理要求直线PX、QY、RZ通过一个公共点所需满足的条件。

我们注意到每一个三角形都具有一个热尔岗点,这与布里昂雄定理的极端特例所表明的一致。

弦的塞瓦定理

图3.12涉及的是一个似乎介于帕斯卡定理与布里昂雄定理之间某处的结论。

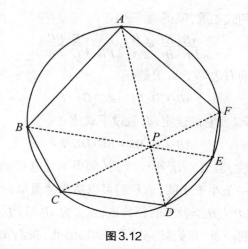

图 3.12

在这张图中,我们看到一个圆上的 6 个点 A、B、C、D、E、F,以及通过公共点 P 的弦 AD、BE、CF。如果我们在圆上随机选择 6 个点,那么这些弦不一定会通过公共点。事实证明,这样的点要满足一个非常基本(但并不为人熟知)的条件,这有时被称为**弦的塞瓦定理**(Ceva's theorem for chords)。这条定理表述如下:

如果 6 个点 A、B、C、D、E、F 位于同一圆上,那么当且仅当以下等式成立时,弦 AD、BE、CF 才能通过公共点 P:

$$AB \cdot CD \cdot EF = BC \cdot DE \cdot FA。$$

这条定理可以用以下方式进行证明。首先假设弦 AD、BE、CF 通过公共点 P。在这种情况下,立即能得到 $\triangle ABP$ 和 $\triangle EDP$ 是相似三角形。这是因为它们在点 P 处的角是对顶角,于是 $\angle APB = \angle EPD$。而 $\angle BAP = \angle DEP$,因为它们是由同一段 $\overset{\frown}{BD}$ 所对的角。由此,我们得到比例式

$$\frac{AB}{DE} = \frac{PA}{PE}。$$

同理,$\triangle EFP$ 和 $\triangle CBP$ 也是相似的,由此我们得到

$$\frac{EF}{BC} = \frac{PE}{PC}。$$

最后,$\triangle CDP$ 和 $\triangle AFP$ 也相似,由此得到

$$\frac{CD}{FA} = \frac{PC}{PA}。$$

将所有这些比例式相乘,就得到

$$\frac{AB}{DE}\cdot\frac{EF}{BC}\cdot\frac{CD}{FA}=\frac{PA}{PE}\cdot\frac{PE}{PC}\cdot\frac{PC}{PA}。$$

由于这个等式的右边等于1,于是有

$$AB\cdot CD\cdot EF=BC\cdot DE\cdot FA。$$

现在,为了证明它的逆定理,假设下式成立:

$$AB\cdot CD\cdot EF=BC\cdot DE\cdot FA。$$

不失一般性,假设 $\overset{\frown}{CDE}$ 小于半圆(如果不是这样的话,那么 $\overset{\frown}{ABC}$ 和 $\overset{\frown}{EFA}$ 之中必有一条小于半圆,而我们可以适当地重新命名这些点)。如图 3.13 所示,设点 P 为 BE 与 CF 的公共点,点 X 为 AP 与 $\overset{\frown}{CDE}$ 相交的点。如果点 X 与点 D 是同一点,我们就完成了证明。因此,我们先假设点 X 不同于点 D。正如已经证明的,由于 AX、BE、CF 有公共点,因此有 $AB\cdot CX\cdot EF=BC\cdot XE\cdot FA$。此外,我们已假设 $AB\cdot CD\cdot EF=BC\cdot DE\cdot FA$ 成立。结合这两个等式,可得

$$\frac{CD}{DE}=\frac{BC\cdot FA}{AB\cdot EF}=\frac{CX}{XE}。$$

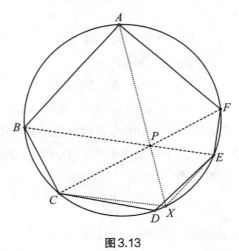

图3.13

但是,如果点 X 如图 3.13 所示的那样位于 $\overset{\frown}{DE}$ 上,那么就有 $CX>CD$ 和 $XE<DE$,这样就得到

$$\frac{CD}{DE}<\frac{CX}{XE},$$

产生了矛盾。如果点X位于$\overparen{CD}$上,那么可以类似地推出

$$\frac{CD}{DE} > \frac{CX}{XE} ,$$

也产生了矛盾。因此,我们能得出点D与点X必定重合,于是AD、BE、CF也就肯定通过公共点P,这正是我们要证明的结论。

图3.14展示了如何把这个结论与标准直线型情况下的塞瓦定理相比较。在图3.15中,我们展示的是这条定理对于弦的形式的构型。正如我们刚刚看到的,我们有如下结论:

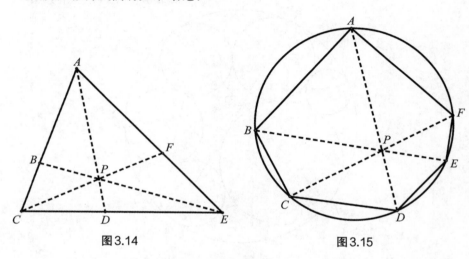

图3.14   图3.15

如果6个点A、B、C、D、E、F位于同一圆上,那么当且仅当以下等式成立时,弦AD、BE、CF通过公共点P:

$$AB \cdot CD \cdot EF = BC \cdot DE \cdot FA 。$$

图3.14展示了塞瓦定理的标准三角形形式的类似构型,并做了相应标记。在这种情况下,塞瓦定理可陈述如下:

如果点A、C、E是一个三角形的三个顶点,而点B、D、F分别位于AC、CE、EA边上,那么当且仅当以下等式成立时,线段AD、BE、CF通过公共点P:

$$AB \cdot CD \cdot EF = BC \cdot DE \cdot FA 。$$

这个完全一样的结论既适用于三角形,也适用于圆形,着实令人惊讶!

七圆定理

这个引人注目的结论与本章第一部分介绍的其他结论有相似之处，但也有一个重要的区别。这些结论中的大多数都在好几个世纪前就已经为人所知了，而这个结论的首次发表却是在1974年[①]。这意味着在初等几何中仍然存在着一些相当简单的未知结论，等待着勤勉的研究者去发现。

七圆定理的构型如图3.16所示。

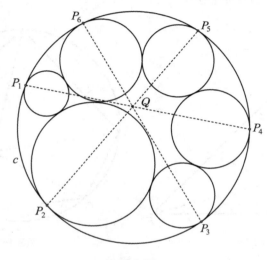

图3.16

在这个图中，给定一个圆 c。图中还有另外6个圆，每一个都与圆 c 相切（切点分别为 P_1、P_2、P_3、P_4、P_5、P_6），任意两个相邻的圆也相切。换句话说，过 P_1 和 P_2 的圆接触于一点，过 P_2 和 P_3 的圆、过 P_3 和 P_4 的圆、过 P_4 和 P_5 的圆、过 P_5 和 P_6 的圆，以及过 P_6 和 P_1 的圆也是如此。如果这一对对的圆都是相切的，那么由此得出的结论就是：直线 P_1P_4、P_2P_5、P_3P_6 通过公共点 Q。

这在相当普遍的情况下都是成立的。在图3.16中，这些圆没有任何两

① C. J. A. Evelyn, G. B. Money-Coutts, and J. A. Tyrrell, "The Seven Circles Theorem," § 3.1 in *The Seven Circles Theorem and Other New Theorems* (London: Stacey International, 1974), pp. 31–42. ——原注

个相交,但是在图3.17中,可以看到在这些圆中确实有几个相交,在这种情况下这一定理也成立。

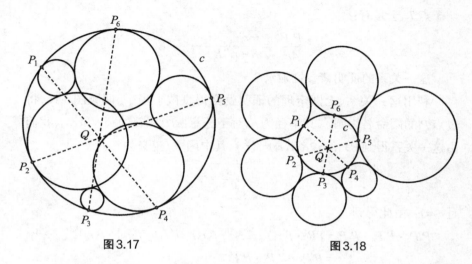

图3.17   图3.18

同样,如图3.18所示,如果6个相切的圆位于圆c之外,而不是如图3.16所示的位于圆内,那么这一关系也成立。对于内外两种情况的证明非常相似。在这里,我们将只证明它们在圆内的情况。

为此,首先要建立一个关于三个两两相切的圆的关系,如图3.19所示,该命题陈述如下。

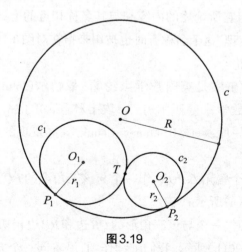

图3.19

设 c 是一个圆心为 O、半径为 R 的圆。圆心分别为 O_1 和 O_2、半径分别为 r_1 和 r_2 的两个圆 c_1 和 c_2，分别与圆 c 内切于 P_1 和 P_2 两点。此外，圆 c_1 和圆 c_2 外切于点 T。于是有：

$$\frac{P_1 P_2^2}{4R^2} = \frac{r_1}{R - r_1} \cdot \frac{r_2}{R - r_2} \text{。}$$

这一关系的证明请参见附录 C。

利用这一关系，七圆定理的证明就变得直截了当了。回顾图 3.16，将过点 P_i 的圆命名为圆 c_i，其半径为 r_i。对于任意两个相邻的圆 c_i 和 c_{i+1}，我们由这一关系得到 $P_i P_{i+1} = 2R \cdot f(r_1) \cdot f(r_2)$，其中函数 f 定义为

$$f(r_1) = \sqrt{\frac{r_1}{R - r_1}} \text{，}$$

且 $c_7 = c_1$。由此得到

$$P_1 P_2 \cdot P_3 P_4 \cdot P_5 P_6 = 8R^3 \cdot f(r_1) \cdot f(r_2) \cdot f(r_3) \cdot f(r_4) \cdot f(r_5) \cdot f(r_6)$$
$$= P_2 P_3 \cdot P_4 P_5 \cdot P_6 P_1 \text{。}$$

于是弦的塞瓦定理告诉我们，直线 $P_1 P_4$、$P_2 P_5$、$P_3 P_6$ 必定通过公共点 Q，而这正是我们要证明的结论。

六圆定理

如果存在七圆定理，那么存在六圆定理也就理所当然了。事实上确实存在六圆定理，但它所论述的内容和与其名称相近的七圆定理相当不同（请注意："六圆定理"这个名称有时也被用来指在对图 3.19 的讨论中所证明的密克尔的结论）。

这个有趣的事实是英国数学家约翰·蒂勒尔（John Tyrrell，1919—1992 年）与业余数学家塞西尔·J·A·埃韦林（Cecil J. A. Evelyn，1904—1976）、G·B·莫尼-库茨（G. B. Money-Coutts）共同发现的。该定理所论述的内容如下：

假设给定一个锐角 $\triangle PQR$。作一个与该三角形的 PQ 边和 QR 边相切的圆 c_1，如图 3.20（a）所示。

接下来，我们作一个与该三角形的 QR 边和 RP 边相切，且与圆 c_1 也相切的圆 c_2，如图 3.20（b）所示。我们继续作圆，沿着同一个方向绕着三角形

旋转,每个新作的圆 $c_3, c_4, c_5, \cdots$ 都与该三角形的两条边相切,并且与所作的前一个圆也相切,如图 3.20 的(c)、(d)、(e)、(f)所示。令人称奇的是,由此得到的圆 c_6 与圆 c_1 相切。

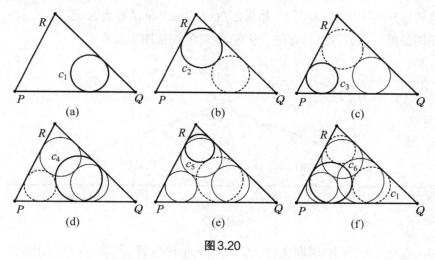

(a)　　　　　(b)　　　　　(c)

(d)　　　　　(e)　　　　　(f)

图 3.20

需要对这个结论做一些说明以防止误解。首先,正如在图 3.21 中看到的,对于每个圆 c_i,总是存在着两种选择——在三角形的内部作圆或在其外部作圆。不过这不成问题。如果总是选择这两个圆中较小的一个,就会得到一个独一无二的圆序列,该序列满足 $c_7 = c_1$。因此,最后得到的序列具有周期性,也就是说,它会以这种模式继续下去。

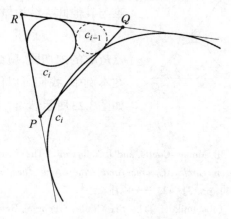

图 3.21

此外,当这个问题最初被发表时[1],定理的结论是针对所有三角形的,而不仅仅是锐角三角形。后来人们发现[2],这个序列确实具有周期性,但是只有当圆c_2与三角形的两边相切,而不是与边的延长线相切时,才会出现从圆c_1开始的周期。事实上,如果$\triangle PQR$的一个角足够大,那么该序列的周期的前一部分可以具有任意长度。这种情况如图3.22所示。

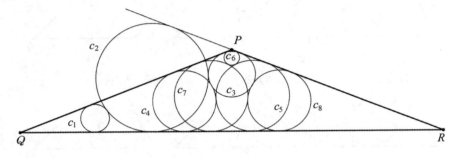

图3.22

在这个特例中,周期从圆c_3开始。圆c_8不仅与圆c_7相切,而且与圆c_3也相切。

这些结论的证明过于复杂,因此无法在这里重现,但是该结论的动态本质相当值得关注。有了这个定理,我们就可以得到关于三角形中的圆的一个完全不同类型的结论,这个结论很难与其他此类结论做对比。

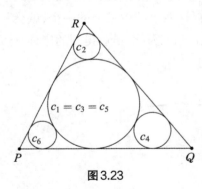

图3.23

值得一提的是,如果起始圆c_1是$\triangle PQR$的内切圆,就会得到一个特例。在本例中,我们可以任意选择c_2、c_4、c_6,如图3.23所示。

---

① C. J. A. Evelyn, G . B. Money-Coutts, and J. A. Tyrrell, "The Seven Circles Theorem," § 3.1 in *The Seven Circles Theorem and Other New Theorems* (London: Stacey International, 1974), pp. 31–42. ——原注

② D. Ivanov and S. Tabachnikov, "The Six Circles Theorem Revisited," https://www. math.psu.edu/tabachni/prints/Circles.pdf (accessed November 6, 2015). ——原注

于是我们就有 $c_1 = c_3 = c_5$，即在这个序列中交替地重现了 $\triangle PQR$ 的那个内切圆。

蝴蝶定理

显而易见,由图 3.24 中的构型所引发的联想,让我们把这一定理命名为蝴蝶定理。

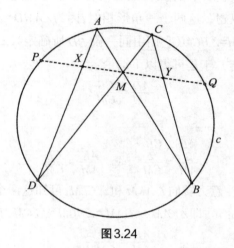

图 3.24

假设 M 是圆 c 中的一根弦 PQ 的中点,AB 和 CD 也是圆 c 中通过点 M 的弦,点 X 和点 Y 分别是 PQ 与 AD 和 BC 的交点,那么点 M 也是 XY 的中点。

为了证明这一点,设 O 为圆 c 的圆心,如图 3.25 所示。

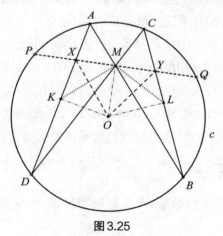

图 3.25

由于点 O 和点 M 均与点 P 和点 Q 等距（点 O 是点 P 和点 Q 所在圆的圆心，点 M 则是根据其定义与点 P、Q 等距），它们都位于 PQ 的垂直平分线上。因此 OM 垂直于 PQ。

现在设点 K 和点 L 分别为 AD 和 BC 的中点。与 OM 和 PQ 的情况一样，OK 垂直于 AD，OL 垂直于 BC。

在得到这些初步的结论后，让我们将注意力转向 $\triangle ADM$ 和 $\triangle CBM$，也就是"蝴蝶的双翅"。这两个三角形相似，因为 $\angle AMD = \angle CMB$（点 M 处的对顶角），且 $\angle DAM = \angle BCM$（它们由同一段 $\overparen{BD}$ 所确定），$\angle ADM = \angle CBM$（它们都由 $\overparen{AC}$ 所确定）。于是可得以下结论：

$$\frac{AD}{AM} = \frac{CB}{CM} \text{。}$$

由此得到

$$\frac{\dfrac{AD}{2}}{AM} = \frac{\dfrac{CB}{2}}{CM} \quad \text{或} \quad \frac{AK}{AM} = \frac{CL}{CM} \text{。}$$

现在我们将注意力转向 $\triangle AKM$ 和 $\triangle CLM$，可知这两个三角形也相似，因为它们有相等的角，即 $\angle KAM = \angle DAM = \angle BCM = \angle LCM$，并且也有

$$\frac{AK}{AM} = \frac{CL}{CM} \text{，}$$

这就意味着 $\angle AKM = \angle CLM$。

现在，我们可以更仔细地看看四边形 $OKXM$。由于其对角 $\angle OKX$ 和 $\angle OMX$ 都是直角，因此四边形 $OKXM$ 是一个圆内接四边形，我们由此得到 $\angle AKM = \angle XKM = \angle XOM$。同理，四边形 $OLYM$ 也是一个圆内接四边形，这是由于其对角 $\angle OLY$ 和 $\angle OMY$ 都是直角，因此我们就得到 $\angle CLM = \angle YLM = \angle YOM$。因为 $\angle AKM = \angle CLM$，由此可以推出 $\angle XOM = \angle YOM$。

于是 $\triangle XOM$ 和 $\triangle YOM$ 全等，这是因为它们有公共边 OM，并且有两对相等的角：$\angle XOM = \angle YOM$ 和 $\angle OMX = \angle OMY = 90°$。这就意味着 $MX = MY$，因此点 M 是线段 XY 的中点，这正是我们想要证明的结论。

彭赛列系

还有另一个很美的结果，那就是**彭赛列系**（Poncelet's porism），又称

彭赛列闭合定理。遗憾的是,它的证明过于困难,因此在这里难以挤出篇幅呈现。这个结果是以法国数学家让–维克托·彭赛列(Jean-Victor Ponce-let,1788—1867)的名字命名的。图3.26展示了其最简形式。

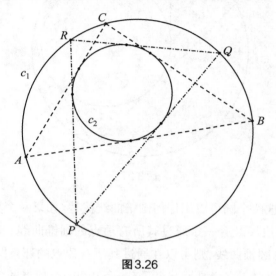

图3.26

顺便说一下,可能你想知道,"**系**"(porism)这个术语有时被用来指一个数学结果,它对于某一无限类别的对象有效,并且是由一个特定的证明产生的。相比之下,"**推论**"(corollary)通常是由一条定理直接产生的。

在图3.26中,我们看到$\triangle ABC$及其外接圆c_1和内切圆c_2。如果我们在圆c_1上任选一点P,那么存在着一个$\triangle PQR$,它的三个顶点都在圆c_1上,并且三条边都与圆c_2相切。换言之,对于任意这样选择的点P,都存在着一个$\triangle PQR$,它与原来的$\triangle ABC$共享外接圆和内切圆。

实际上,这是一般结论的一个非常特殊的例子。这个一般结论对于有任意边数的多边形都成立,而不仅仅是对于三角形。如果一个具有n条边和n个顶点的多边形既有外接圆又有内切圆,则可以在其外接圆上任意选择一点,而这一点会是另一个具有n条边和n个顶点的多边形的其中一个顶点,且这个多边形与原来那个多边形共享同一个外接圆和同一个内切圆。图3.27展示了特例$n=4$的这一结论。

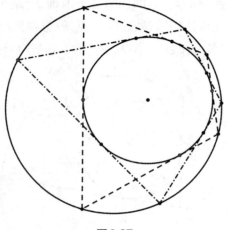

图3.27

事实上,这两个圆可以用任何圆锥曲线代替。如果一个具有 n 条边和 n 个顶点的多边形既有一条通过其所有顶点的圆锥曲线,又有一条内切于其所有边的圆锥曲线,则可以在通过其所有顶点的那条圆锥曲线上任意选择一点,而这一点会是另一个具有 n 条边和 n 个顶点的多边形的其中一个顶点,且这个多边形与原来那个多边形共享同一条外接圆锥曲线和同一条内切圆锥曲线。

福特圆

显然,圆在几何学中扮演着一个重要的角色,然而令人惊讶的是,它们甚至与数论世界也有联系。相切的圆和有理数之间存在着奇妙的联系,这是一个被称为**福特圆**(Ford circles)的性质。这些圆以美国数学家莱斯特·R·老福特(Lester R . Ford Sr., 1886—1967)的名字命名,其定义如下:

从相切的两个全等的圆 c_1 和 c_2 开始,其中一个圆与数轴在0处相切,另一个圆与数轴在1处相切。我们再加上一个圆,令它既与原来的两个圆相切,同时也与数轴相切。在接下来的每一步中,我们依次添加更多的圆,其中每一个圆不仅与构型中已经存在的两个相切圆相切,同时也与数轴相切。这样,就产生了无穷多个圆,它们都在0到1这个区间内与数轴相切。图3.28展示了最初几个这样的圆。

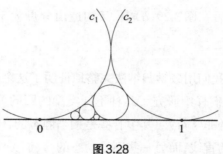

图3.28

当然,这些圆会非常迅速地变小。结果证明,所有这些无穷多个圆与数轴的切点有一个相当出乎意料的性质。这些切点正是0到1这个区间内的有理数。通过这一过程所产生的圆与数轴的切点没有一个是无理数,而每个有理数都是以这种方式产生的某个圆的切点。图3.29展示了这一过程的前几步,构造出分母一直到5的有理数。

在这里,我们看到唯一分母为2的有理数,即 $\frac{1}{2}$,是图3.29(a)中的第一步构造出来的。在图3.29(b)中,第二步构造了分母为3的两个有理数。在图3.29(c)中,我们构造出分母为4的有理数(不包括 $\frac{2}{4} = \frac{1}{2}$,因为它已

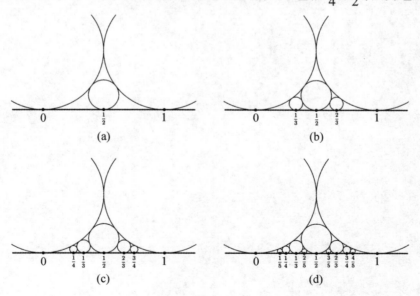

图3.29

经出现过了）。最后在图3.29(d)中，又构造出分母为5的有理数，即 $\frac{1}{5}$、$\frac{2}{5}$、$\frac{3}{5}$、$\frac{4}{5}$。

在附录D中，我们用数学归纳法完整地证明了这个结论。

在本章中，我们仔细研究了几种不同类型的圆的关系。回想起来，这些结论的不同之处非常奇妙。其中有些是相当静态的，例如考虑某些必定通过一个公共点的直线；而另一些则是动态的，人们关注的是当特定点以某种方式变化时，它们所涉及的那些保持不变的性质。所有这些都以它们自己的方式显示出出人意料的基础性。

最后一个关于福特圆的结论相当特别，不仅是因为它有着数论方面的内容，还因为它涉及无穷多个圆。它们被填充到由一条直线和两个初始圆所定义的有限空间中。在某种程度上，这引导我们去考虑各种各样关于如何根据某些特定的标准将圆形填充到已界定的空间中的问题，而这正是我们在第4章中即将要讨论的问题。

第4章　圆填充问题

盒装罐头

有一整个数学分支论述的是如何将圆"填充"到各种类型的闭合形状中去。在这一领域中提出的问题可能涉及大小相等的圆或任意大小的圆，但总是假定没有任何两个圆以任何方式重叠，也没有任何圆伸展到所考虑的闭合形状的边界之外。

想象你要把尽可能多的、完全相同的圆柱形罐头装进一个特定尺寸的盒子里。由于运输和制造方面的各种原因，这个盒子必须是方形的，理想的情况是，盒子的边长应该尽可能小。如果你想在每个盒子里装入9个这样的罐头，那么要确定这个盒子的最优尺寸相对而言比较容易。最好的填装方式如图4.1所示，这向我们表明了最小盒子的边长等于罐头直径的三倍。

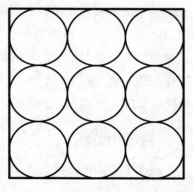

图4.1

倘若由于某种原因，在每个盒子里只需要装8个罐头，那么这会是最小的盒子尺寸吗？假设我们移走一个罐头，剩下的那些罐头看起来仍然相当紧密地贴在一起,如图4.2所示。

不过,有一种更好的方法来排列这8个罐头,可以把它们放进一个更小的方形盒子里。图4.3的填充方式显示了一种方法,可以将8个罐头装进一个边长仅为罐头直径的

$$1 + \frac{\sqrt{2}}{2} + \frac{\sqrt{6}}{2} \approx 2.93$$

倍的方形盒子里。

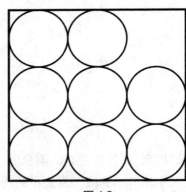 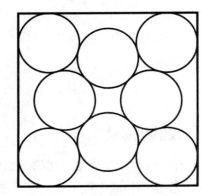

图4.2　　　　　　　　　　　　图4.3

要想找到这种更好的填装8个罐头的方法并不容易,要证明这种方法提供了最优填装方式就更困难了。然而它确实就是最优填装方式。注意到,8个罐头在正方形中的这种填装方式,比去掉9个罐头中的一个的方式对称性更强。仅仅出于这个原因,我们就不应该对以下事实感到惊讶:即在上述两个选项中,这个是比较密集的填充方式。对确定正方形的这种最优边长的计算感兴趣的读者请参阅附录E。

圆中的圆

在这个方面可以提出几类有趣的问题,例如:

● 如果给定一个半径为1的圆[我们称它为**单位圆**(unit circle)],并希望将7个半径相等的圆填充到这个给定的单位圆中,那么这7个圆可能达到的最大半径是多少?

换言之,在给定的单位圆中,7个大小相等的圆可能覆盖的最大面积

比例是多少？这个比例通常被
称为这些较小圆在单位圆中的
密度。

　　为了回答这个问题，我们必
须考虑7个大小相等的圆的所
有可能构型。情况很快就变得明
朗了，有一种构型能使7个圆被
紧紧地包围在一个大圆的内部。
由于这些圆彼此相贴，因此不能
使较小的那些圆再变大而仍能
够填入那个外围单位圆之内。我
们所讨论的构型如图4.4所示。

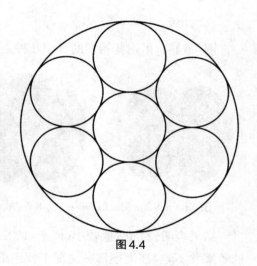

图4.4

　　从图4.5可以很容易看出，单位圆的半径可以由三条小圆半径r构
成，因此对于内部的每个圆都有$r = \frac{1}{3}$。

　　因为单位圆的面积等于$\pi \cdot 1^2 = \pi$，而7个小圆所覆盖的面积等于

$$7 \cdot \pi \cdot \left(\frac{1}{3} \right)^2 = \frac{7}{9}\pi,$$

可以得出，7个大小相等的圆在一个圆中的最大可能密度等于$\frac{7}{9}$。

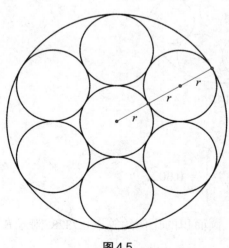

图4.5

　　显而易见，下一步可以提
出以下问题：如果把上面考虑
的看似随机的数值7换成其他
某个数，那么结果会得到什么？
所以，现在要问的是一个更一
般的问题：

　　● 如果有一个半径为1的
圆（即一个单位圆），并希望将n
个半径相等的圆填充到这个给
定的单位圆中（n是任意正整
数），那么这n个圆的最大可能

半径是多少?

图4.6显示了这些构型的其中几种。

图4.6 （Wikimedia Commons, by Koko90. Licensed under CC BY-SA 3.0.）

结果表明,对于n值较小(即$n = 1, 2, 3, 4, 5, 6$)的情况,找到这个问题的答案并不难。在上述每种情况下找到最优可能构型显然应归功于对称性,而计算每种情况下的较小圆半径也并不太难。这些情况留给感兴趣的读者去思考。

当我们令$n = 8$时,情况开始发生戏剧性变化,这是因为现在大圆中有一个小圆可以与其他圆不相切。这种情况下的最优构型如图4.7所示。

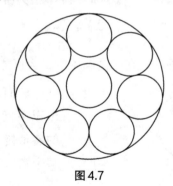

图4.7

这些较小圆的半径等于

$$\left(1 + \frac{1}{\sin\left(\dfrac{180°}{7}\right)}\right)^{-1} \approx 0.302,$$

因此这些较小圆所覆盖的面积占大圆面积的比例约等于0.7328。附录F给出了计算过程。

由于位于中心处的小圆有移动的余地,因此极不容易证明事实上这就是最好的构型,但仍然有可能做到这一点。德国数学家乌多·皮尔洛(Udo Pirl)做到了[1],他还发现并证明了 $n=9$ 和 $n=10$ 的最优构型(如图4.8所示)。

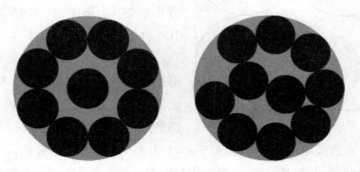

图4.8 (Wikimedia Commons, by Koko90. Licensed under CC BY–SA 3.0.)

随着 n 变大,这个问题也变得更为复杂。对于某些较大的 n 值,有一些构型被认为是最优的,但是对于最优性的证明最大只进行到 $n=13$ 的情况。对于更大的 n 值,寻找最优构型是当前研究的一个课题。如果读者对圆填充问题的研究进展感兴趣,packomania.com 是获取最新信息的不错的网站。

对于那些不熟悉数学研究领域的人来说,这一切很可能有点令人惊讶。在一般情况下,人们会认为存在着一个特定的公式,能给出最大可能圆半径的值与 n 值的相互关系。遗憾的是,我们还不知道这样的公式,而且事实上很可能不存在这样的公式,至少不会以任何类型的紧凑形式存在。

正方形中的圆

让我们回到本章开头的正方形盒子,并首先考虑以下问题:

- 如果给定一个边长为1的正方形(即一个**单位正方形**),并希望将4

---

[1] U. Pirl, "Der Mindestabstand von n in der Einheitskreisscheibe gelegenen Punkten," *Mathematische Nachrichten* 40 (1969):111–24. ——原注

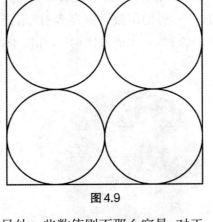

图4.9

个半径相等的圆填充到这个给定的单位正方形中,那么这4个相等圆的最大可能半径是多少?

与我们在前文遇到过的一个正方形中的9个圆类似,图4.9的构型几乎立即就浮现出来。

如同在一个大圆中填充大小相等的圆的情况一样,对于有些数值 n,要找到在一个正方形中填充 n 个圆的最优构型相对较简单,但是对于另外一些数值则不那么容易。对于 $n=1,2,3,5,6$,要找到这样的构型并计算出这些圆的面积覆盖正方形面积的比例是非常容易的——尽管必须指出的是,找到 $n=3$ 和 $n=6$ 的解答相当具有挑战性。图4.10显示了这两个有些令人惊讶的结果。同样,证明这些确实是最优构型的任务也留待有积极性的读者去完成。

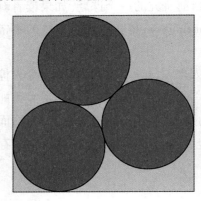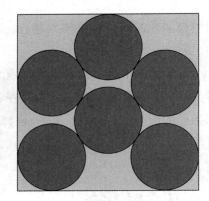

图4.10

对于 $n>6$,解答变得愈加困难。

不过现在让我们先来考虑下面这个联系紧密但又不甚相同的问题。

● 如果给定一个边长为1的正方形(即一个单位正方形),并希望将4个(半径不一定相等的)圆填充到这个给定的单位正方形中,那么这4个圆的面积覆盖正方形面积的可能最高比例是多少?

请注意,我们已经放弃了这些圆全都大小相同这个约束条件。由于这个原因,对于相同大小的圆所找到的4个圆的解决方案现在就不是最优方案了。由于图4.9中的4个圆的半径都等于1/4,所以4个圆的总面积等于

$$4 \cdot \pi \cdot \left(\frac{1}{4}\right)^2 = \frac{1}{4} \cdot \pi,$$

这个面积可以用一个半径为 $\frac{1}{2}$ 的大圆所覆盖,它恰好可以放入单位正方形中,如图4.11所示。

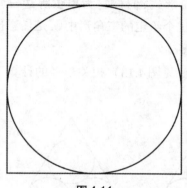

图4.11

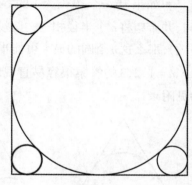

图4.12

这意味着我们仍然可以在空着的地方再填入三个圆,以覆盖剩下的区域。图4.12显示了可能添加的三个最大圆。

这个简单的例子表明,即使对于很小的 n 值,比如说 $n = 4$,要找到 n 个圆在一个正方形中的最高密度也不是那么容易。当然,更困难的是找到最优解的证明,即证明这是最优解。虽然最优填充的结果相当令人惊异,但是其证明过程不仅乏味而且需要专门的技巧,这可能会分散我们对最终结果的注意力。因此,我们把这个任务再次留给有积极性的读者去完成。

其他形状中的圆

在考虑了圆在正方形或其他圆中的一些密集填充问题之后,现在似乎可以做一个小小的飞跃,尝试在其他封闭形状中找到最密集填充的方

式。一些显而易见的候选外围形状似乎会是给定边长比值的矩形或边数不等于4的正多边形——因为我们已经考虑过正四边形的情况了（这里的每种形状都是对正方形的一个推广）。这两种想法都得到了相当长时间的探索。在 packomania.com 网站快速查询，就会发现人们对此类填充问题方面的探索已经进行到什么程度了。

要求解这些问题绝非易事。让我们以最简单的正多边形为例，即将等边三角形作为圆填充的边界。与之前提出的那些问题类似，现在可以提出的问题是：

● 如果有一个边长为1的等边三角形（我们称它为**单位等边三角形**），并希望将 n 个半径相等的圆填充到这个给定的三角形中（n 是任意正整数），那么这 n 个圆的最大可能半径是多少？

$n = 1, 2, 3$ 的答案很容易直观地确定（见图4.13）。相关半径的计算可参见附录G。

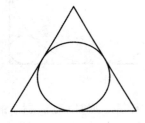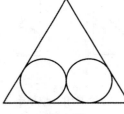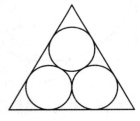

图4.13

对于 $n = 4$ 的情况，乍一看最佳构型（如图4.14所示）可能有点令人惊讶，不过稍经思考就会使该构型中的对称性变得清晰起来，从而让这张图看起来更可信。这当然并不是证明，但是正如我们已经提到过的，证明这种构型的最优性需要专门的技巧。

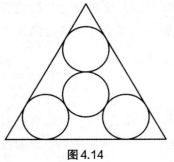

图4.14

快速浏览一下 $n = 2$ 和 $n = 3$ 的密集填充就会发现，它们实际上源自相同的排列。$n = 2$ 时的密集填充就是 $n = 3$ 的情况去掉一个圆的结果。在单位等边三角形中，这些圆的大小是相同的。这一发现直接引出了关于三角形数的一个著名猜想，这是

20世纪最著名的数学家之——匈牙利的保罗·埃尔德什（Paul Erdös，1913—1996）和美国数学家诺曼·奥勒（Norman Oler, 1929—2011）提出的,这也是看似简单却很难证明的问题的又一个例子。

为了能够正确地理解这个猜想,我们首先回忆一下什么是三角形数。定义三角形数的一种方法是借助由圆构成的三角形阵列。

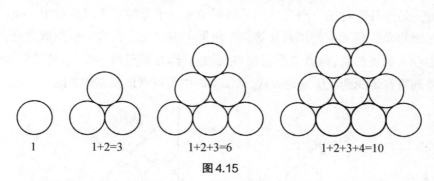

| 1 | 1+2=3 | 1+2+3=6 | 1+2+3+4=10 |

图4.15

正如我们在图4.15中看到的,大小相等的圆可以排列成等边三角形阵列。在这样的阵列中,圆的总数由相应的表达式给出: $1, 1+2=3, 1+2+3=6, 1+2+3+4=10$,等等。第 n 个这样的数是 $1+2+3+\cdots+n$,可以证明这个和等于

$$\frac{n(n+1)}{2}。$$

我们将这些数称为**三角形数**（triangular number）。

我们从图4.16的左边可以看出,由三角形数（在本例中 $n=4$,即第四

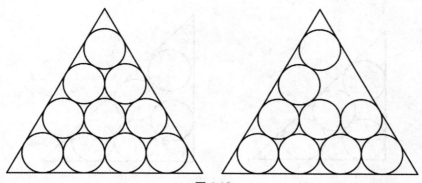

图4.16

个三角形数 10) 个圆在一个等边三角形中的最密集填充, 显然就是由这样的三角形阵列给出的。埃尔德什和奥勒的猜想指出, 对于比三角形数小 1 的数, 也就是去掉任何一个圆之后, 同一排列的密度也还是最大的。已经证明这对于前 15 个三角形数都成立, 但是其一般证明尚未得出, 仍然是向数学家提出的一项挑战。

　　另一种有趣的三角形填充是将圆填入一个等腰直角三角形中。尽管等腰直角三角形中的填充和等边三角形中的填充存在着一些相似之处, 但令人惊讶的是, 两者也有着相当大的差异。对于三角形数, 借助三角形阵列很容易找到最优填充方式, 从图 4.17 中可以看出其总体思路。

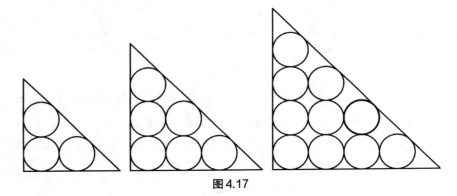

图 4.17

更加出乎意料的是 4 个圆和 5 个圆的解, 如图 4.18 所示。

　　在图 4.18 的左边, 我们看到了 4 个圆的最密集填充, 这已经有点令人惊讶了。然而, 更令人惊讶的是在图 4.18 右边看到的 5 个圆的最密集填

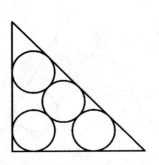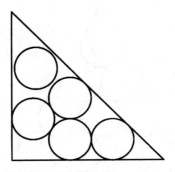

图 4.18

充。请注意,这里已经有一个圆可以在某个区域内自由移动,而不受其他圆的约束。我们对数量比较多的圆可能会有如此预期,但没想到只有5个圆的时候情况就会这样。当然,对于更多数量的圆,还有更大的惊喜等待着我们。试试你的运气吧!

无限平面中的圆

从理论角度来看,圆填充问题并不需要受外边缘的限制。如果把圆以一种有规律的方式放置在平面上,从而使图案的无限延伸得到清楚的定义,那么就有可能计算出圆在无限平面上的密度。事实上,这很可能是第一个在严肃数学著述中解决的此类问题。1773年,意大利数学家约瑟夫·路易斯·拉格朗日(Joseph Louis Lagrange,1736—1813)解决了这个问题。他证明了圆的六边形填充排列(即每个圆都与其他6个大小相同的圆相切,且这6个圆心构成一个正六边形的各顶点,如图4.19所示)给出了密度最大的填充方式,其密度为

$$\frac{\pi}{2\sqrt{3}} \approx 0.907 。$$

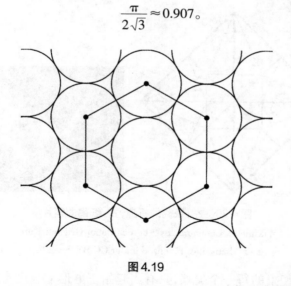

图4.19

我们再次邀请感兴趣的读者去检验附录H给出的这个数值的计算过程。

然而,直到1943年匈牙利数学家拉斯洛·费耶什·托特(László Fejes

Tóth, 1915—2005）发表了一种证明，才完全确定了这就是所有可能填充中最密集的一种①。在这里，我们再次看到数学研究的问题与几个世纪前就已经解决的问题有多么接近——这也是另一个例子，说明有些问题阐述起来很容易，解决起来却困难得令人难以置信。

圆填充在折纸中的应用

也许对大多数读者而言，圆填充概念在折纸领域中有所应用会非常令人意外。事实上，它的确有应用。

为了理解这种联系，让我们先来看看也许是所有折纸模型中最经典、最著名的一种——鹤。在图4.20左，我们看到了一张方形纸上的折叠图案，纸上显示了折纸鹤过程中产生的所有折痕；在图4.20右，则是一张完成后的纸鹤照片。比较这两者，我们注意到：鹤喙对应于这张正方形纸的右端；鹤尾对应于左端；鹤背部的尖端对应于正方形纸的正中央；双翅的尖端对应于正方形纸的顶部和底部。

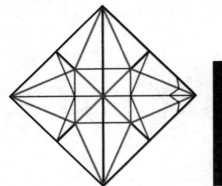

图4.20 左：纸鹤的折痕，右：纸鹤的照片

（Wikimedia Commons, by Andreas Bauer Origami-Kunst,

user Abauseind. Licensed under CC BY-SA 2.5.）

对于模型上的每一个尖端，只有当起始正方形上与之对应的每个点

---

① L. F. Toth, "Über die Dichteste Kugellagerung," *Mathematik Zeitschrift 48* （1943）: 676–84. ——原注

周围都有纸可以"攒在一起"时，才能够被折叠出来。我们可以看到，这个模型是从这张纸上的一个基本构型开始构建的，而构型中的每个尖端占据了这张纸上从某一点（对应于折好的模型的尖端）发出的一个部分。这一部分不能与对应于其他尖端的点的那一部分共享，因此我们能够在纸上每一个对应于模型上一个尖端的点的周围画一个圆，这个圆覆盖了这一点的一个相关区域，而不覆盖任何其他尖端点对应的区域（请注意，这个圆的圆心可以在纸的边缘处，但不必总是这样，例如鹤背部那个尖端就是如此）。

　　为了更好地理解这一点，让我们来看一下图4.21。

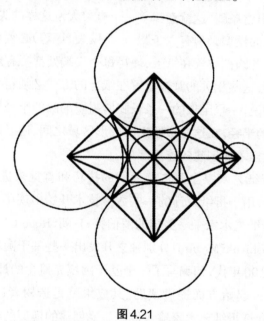

图4.21

　　在折痕图上叠画一些圆。比较这张纸在每个圆内部的各部分，我们可以看到，在每种情况下，每个圆内部的纸在模型中都是"攒起来"的，从而使模型的各尖端凸出来。请注意，右侧的小圆对应着鹤喙，中间的圆对应着鹤背部的尖端，左侧的圆对应着鹤尾，上面和下面的两个圆对应着鹤的双翅。

　　在每种情况下，都有一定量的纸用于模型中产生相关尖端的突出物的部分。在左侧圆中的那部分纸(鹤尾部分)不能与顶部或底部(双翅部分)或中间部分(鹤背部分)的纸有任何重叠。虽然图中的这些圆不一定是最大可能的圆,但我们确实看到有一些互不相交的圆形部分,它们与模型的各尖端相对应,而这正是上文所阐明的。

在更复杂的折纸模型中,只用一张纸,不经裁切或撕裂,就可以折叠出极其复杂的物体,这张纸通常是正方形的,或者至少是矩形的。可以折叠出的神奇的物体模型包括:哺乳动物、昆虫、火车、汽车、人物,等等。为了做到这一点,折叠纸张的方式就必须是这样的:比如说,纸上对应于一条腿的尖端的一个点,就必须在纸上的一个圆的中间,而把这个圆折叠起来就可以构造出整条腿。这就意味着一个有着大量这样的尖端的模型(比如说,一只昆虫的模型必须有六条腿、一个脑袋,等等)必须从这样一个设计中创建出来:各圆被放置在纸上,使得每个尖端处都要有足量的纸。

这也意味着这些相关的圆被放置在纸上的方式必须符合最终模型的相对比例。比如说,一只昆虫的一条长腿所需要的圆的半径要大于一根触须所需要的圆的半径。在这些被留出的圆形区域之间,还必须有足够的纸张可供使用,这样才能创建各连接部分。

多年来,折纸艺术家主要依赖他们的技巧和直觉来进行创作,但在20世纪80年代,用于折纸设计的一些数学技术开始出现了。到20世纪80年代末,两位折纸艺术家——美国的罗伯特·J·朗(Robert J. Lang)和日本的目黑俊幸(Toshiyuki Meguro)分别独立开发出一些基于圆填充的折纸设计技术。20世纪90年代,朗编写了一个基于圆填充概念的计算机程序,为折纸设计的这一起始方面提供帮助。其成果就是造树者(TreeMaker)程序[①]。这个程序允许折纸艺术家输入他们想要创建的模型的各尖端的相对位置及尺寸,然后程序会产生一个基本的结构,艺术家可以用这个结构来实现他们的艺术理念。

在图4.22中,我们看到用造树者程序创建的一个图案。图中有16个圆形区域(其中一些圆的圆心位于纸的边缘),这意味着以此为基础折叠

① Robert J. Lang, " TreeMaker," http://www.langorigami.com/science/computational/tree maker/treemaker.php (accessed January 26, 2015). ——原注

图4.22 造树者程序产生的图形,经罗伯特·J·朗授权使用

出来的模型会有16个尖端。各圆的半径对这些尖端的可能长度给出了一个概念。这意味着中心圆将在模型的中间给出一个长而细的(或者被压平的)尖端,比如昆虫的腹部。上方左右两角中的那些相对较小的圆将在模型上给出较短的尖端,也许是耳朵或触角。

综上所述,我们发现,圆填充概念不仅是一种非常抽象的智力小游戏,而且事实证明,它具有非常实际的应用。当然,在这里,我们不是在寻求具有最高密度的圆填充,这是因为还有其他的一些实际考虑在发挥作用。尽管如此,它仍然是一个典型的例子,因为它是一个为纯粹智力目的而开发的纯粹抽象概念,结果却成了一项实际应用的起点,而在开始这一特殊的数学冒险之前,没有人会预料到这一结果。

球填充

因为我们在本书中主要关注二维的圆,所以在三维问题上花费大量时间和精力会使我们偏离主题太远。尽管如此,我们还是应该略提一下当我们考虑在三维空间中填充球体时所产生的一些令人着迷的问题,否则就是疏漏了。只要想想在超市货架上如何最优地堆叠橙子,或者如何有序地堆叠炮弹(如图4.23所示),那么这些问题的相关性就立即变得显而易

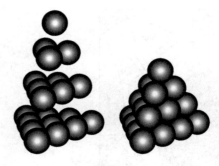

图 4.23

见了。

正如这些图片所表明的,将大小相等的球堆叠起来的最佳方法,似乎是从底部平面的六边形填充开始(我们在前文讨论无限平面中的大小相等的圆时就遇到过这种情况)。然后可以把这样的另一层放在这一层上面,稍微移动一下从而使第二层球可以填满空隙。很明显,实现这一点的最佳方式是让每个新球接触下一层中的三个球(这有几种可能的实现方式)。自从德国数学家、天文学家约翰尼斯·开普勒(Johannes Kepler,1571—1630)在文献中首次提出这个问题以来,这种方式确实被假设为可能的最密集填充,而这个假设后来就被称为**开普勒猜想**(Kepler conjecture)以示敬意。

通常情况下,要证明这样一个猜想的正确性可能会相当困难。不过,德国数学家卡尔·弗里德里希·高斯(Carl Friedrich Gauss,1777—1855)在假设这些球的球心构成一个规则格点的前提下,证明了这种填充方式是所有可能的填充方式中最密集的。这仍然留下一种可能性,即存在着更密集的、可能出现的不规则填充,而这种可能性直到21世纪才被证明并不存在。美国数学家托马斯·卡利斯特·黑尔斯(Thomas Callister Hales,1958—　)给出的证明在数学圈中引起了相当大的轰动,因为它是依赖计算机程序完成验证的最著名证明之一,因为靠"手工"来证明确实难以完成。一直到2014年,他的计算机辅助证明的有效性才终于得到广泛接受。即使是现在,仍然有一些数学家并不认为这个问题已经得到解决,这是因为这一证明还没有得到人类研究者按部就班的验证。

事实上,这是现代数学研究中的一个基本问题。事实已经证明,一些更为棘手的未解数学问题,用计算机方法却很容易攻克。在这样一个证明中,一个数学论断被简化为大量但有限的个例,可以用适当的计算机程序对这些个例进行检验。个例的数量并不特别重要,因为计算机可以在合理的时间段内处理大量个例。最重要的是,计算机能检验的个例远远超出任何个人一生所能处理的。因为没有人能检查计算机是否出错，所以并不是人人都愿意认可这样一个证明是有效的。反对观点认为，计算机易受波动的影响，因此永远不能完全排除犯错。另一方面，人们还开发出一种软件来检查此类错误，从而使证明阶段和检验阶段都极不可能有任何错误蒙混过关。

这就是为什么整个数学界最终在2014年接受了黑尔斯的证明。有人在他的证明上运行了一个错误检查代码，结果没有发现任何错误。出于这个原因，目前只有一小部分"强硬派"仍然在怀疑这种用来证明"开普勒猜想"的方法的有效性，而"开普勒猜想"并没有在术语中被更改为"开普勒定理"，这也仅仅是由于传统原因。

一些更进一步的想法

在本文所呈现的背景下，有些问题可以很容易地表达出来，但要处理它们却可能极其困难。例如，下面这个问题与我们在此所考虑的内容密切相关，但至今仍未得到解决：

• 给定两个单位圆，其中一个圆被一条弦切成两部分（结果就得到了三片东西），确定这样得到的三片东西可以填充的最小可能正方形。

看起来，一个变量如此之少的问题似乎会相对容易解决，但是可以选择弦来切割圆这一自由度就足以使这个问题变得极其困难。

仔细思考本章的各个问题后，我们可以得到的另一个想法是考虑几近"相反"的问题：如果我们可以用一些（等同的）圆盘完全覆盖某一给定形状（比如一个单位圆或一个单位正方形），那么这些圆盘的最小半径是多少？数学文献中也经常出现此类覆盖问题的讨论，但它们似乎不如填充问题那么流行。只有圆盘覆盖问题（用 n 个等同的圆盘完全覆盖半径为1的单位圆盘，求这些圆盘的最小半径）在流行程度上似乎还比较接近。

为了激发读者对这种类型的问题的兴趣，图4.24显示了 $n=6$ 的情况下的解决方案构型。换言之，要求用6个圆盘完全覆盖一个单位圆（即半径为1的圆，在图中用虚线表示），那么最小的这样的6个圆盘就是图中用实线表示的那些。由于5个"外侧"圆盘的中心构成了一个正五边形的各

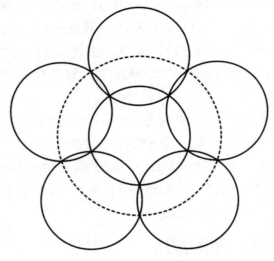

图 4.24

顶点,因此感兴趣的读者应该能够很容易地计算出这些小圆盘的半径。

回顾一下我们在这一章中所考虑的内容,就会发现将圆视为一些单独的对象时,它们会有大量迷人的特性。这与我们更熟悉的圆的那些关于它们的点的性质有很大不同,我们在本书的其他章节中已经对那些性质有过很多讨论。本章中讨论的许多性质看起来似乎很容易推断,但其实证明起来却相当困难。难怪许多对趣味数学感兴趣的人都喜欢这一领域。

第5章 切圆探究

　　当圆与直线型图形相关时,大多数情况下这些直线型图形都是三角形。在提到三角形与圆的关系时,通常是三角形扮演主角。例如,当一个三角形内接于圆时,它就会具有某些使它变得特殊的特征。我们感兴趣的是,以一种特殊的方式与三角形发生联系的圆是如何具有一些奇异性质的——这些性质当然也与三角形相关。在这一章中,我们将考虑一些圆,它们与给定三角形的三边(或其延长线)分别相切。这些圆中有三个会位于三角形的外部,我们将这些圆称为"**旁切圆**"(excircle 或 escribed circle)。与三角形的三边都相切且位于三角形内部的那个圆称为"**内切圆**"(incircle 或 inscribed circle)。这些圆统称为"**切圆**"(equicircle)。它们的大小以及它们与相切三角形相关的那些性质,呈现出许多惊人关系,这就是我们现在准备探索的。

　　我们先回忆一下如何找到三角形内切圆的圆心。它是三角形三条内角平分线的交点。与此类似,每个旁切圆的圆心都是由三角形的两个外角平分线的交点所确定的。为了表明这一点,我们注意到在图5.1中,顶点 A 和 B 处的两条外角平分线相交于点 O_3,而这就是一个旁切圆的圆心。

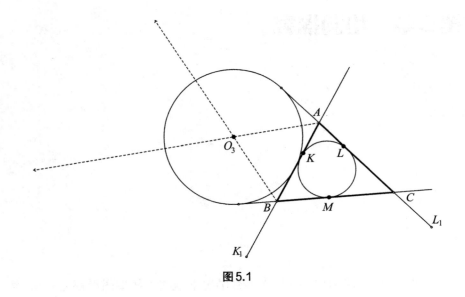

图5.1

切线段

在图5.2中,我们看到△ABC的4个切圆。第一个有趣的关系是线段 AK_1 的长度与△ABC的周长如何发生联系。我们知道从圆外一点向同一圆作出的两条切线段具有相等的长度,因此 $AK_1 = AL_1$。同理还有 $BK_1 = BM_1$ 和 $CL_1 = CM_1$。

△ABC的周长 $= AB + BC + AC = AB + (BM_1 + CM_1) + AC$。通过适当的代换,我们发现△ABC的周长 $= AB + BK_1 + CL_1 + AC = AK_1 + AL_1$。又因为 $AK_1 = AL_1$,所以可以得出结论:切线段 AK_1 的长度等于△ABC的周长的一半。如果令 s 等于△ABC的半周长,那么还可以写出 $AK_1 = AL_1 = s$。在我们继续探究切圆时,还会一直使用这个半周长。为了使讨论更容易理解,令 $BC = a$,$AC = b$,$AB = c$。于是半周长就是

$$s = \frac{a + b + c}{2}。$$

因此,$BM_1 = BK_1 = AK_1 - AB = s - c$,$CM_1 = CL_1 = AL_1 - AC = s - b$。当然,对于其他旁切圆,类似的关系也成立。我们由此得出结论,三角形一边从顶点到与其相切的旁切圆切点之间的线段长等于该三角形的半周长减去构成该

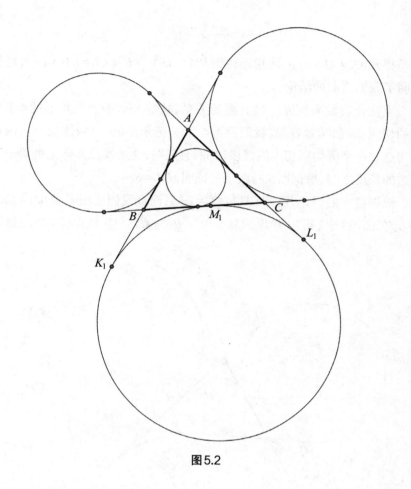

图5.2

顶点的另一边的长。

现在可以用类比的方法考虑三角形的内切圆,从而更进一步讨论这一关系。这一次,我们将考虑三角形一边从一个顶点到内切圆切点之间的线段,该线段的长等于半周长减去对边的长(见图5.3)。换言之,我们将证明 $AK = AL = s - a$。

为了证明这一点,首先根据图5.3考虑以下关系: $AK + AL = AB - KB + AC - LC = AB + AC - (KB + LC)$。而 $KB = MB$, $LC = MC$。

通过适当的代换,得到如下关系: $AK + AL = AB + AC - (MB + MC) = AB + AC - BC = c + b - a = 2s - 2a = 2(s - a)$,其中

$$s = \frac{a+b+c}{2} 。$$

于是得到 $AK = AL = s - a$，同理还得到 $BM = BK = s - b$ 及 $CL = CM = s - c$，这就证明了我们之前的结论。

现在让我们来探究一些有趣的关系，这些关系涉及三角形的 4 个切圆的切点。为初学者着想，我们将考虑沿着三角形的一边、连接一个内切圆切点和一个旁切圆切点的线段。我们会证明，这条线段实际上就等于另两边的长度之差。根据图 5.3，就是要证明 $MM_1 = b - c$。

根据前文的讨论，可知 $CM_1 = CL_1 = s - b$，而且我们还证明了 $BM = BK = s - b$。在图 5.3 中，可以看出 $MM_1 = BC - BM - CM_1$。将上式代入后，得到

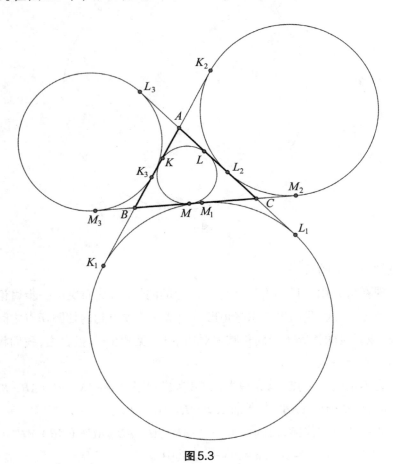

图 5.3

$$MM_1 = a - (s-b) - (s-b) = a - 2(s-b) = a + 2b - 2s,其中$$

$$s = \frac{a+b+c}{2},$$

因此$MM_1 = b - c$。

从这里，可以很容易地转移到另一个发现，即MM_1的中点也是BC的中点。我们在此前已经得出了$BM = CM_1$。设点X为BC的中点，那么$BX = CX$。将这两式相减得$MX = M_1X$，这就证明了前面的结论。

接下来可以做的一件很有趣的事情是，确定在三角形一边上从内切圆的切点M到一个相邻旁切圆的切点M_3之间的外公切线段MM_3的长度。由于$MM_3 = CM_3 - CM$，而且不仅知道$CM_3 = s$，还知道$CM = s - c$，因此可以推断出$MM_3 = s - (s-c) = c = LL_3$。

现在来考虑两个旁切圆的外公切线段，目标是要求出图5.3中的M_2M_3的长。可以看出，$M_2M_3 = MM_2 + MM_3$。而我们知道$MM_2 = b$及$MM_3 = c$，因此$M_2M_3 = b + c$。这意味着两个旁切圆的外公切线段长等于与这条外公切线相交的三角形两条边长的和。

为了使讨论更完整，现在还要找到这个三角形的两个旁切圆的内公切线段长度。也就是说，要确定图5.3中M_1M_2的长。

可以看到，$M_1M_2 = MM_2 - MM_1$。我们之前已经得出$MM_2 = b$和$MM_1 = b - c$。现在只要简单地将这两式代入前一个关系式，就得到$M_1M_2 = b - (b-c)$，或$M_1M_2 = c$。因此可以说，一个三角形的两个旁切圆的内公切线段的长度等于三角形中与该切线段所包含的顶点相对的边的长度。

切半径

我们已经发现了切圆的切线段与三角形各边的许多关系，现在把注意力转向切圆的半径与三角形面积及三角形各边长度之间的关系。

将切圆的半径称为**切半径**(equiradii)。

从这些半径中最常见的一种开始，即内切圆的半径，我们称之为**内半径**(inradius)。很容易证明，这一内切圆半径等于三角形面积与其半周长的比值。

首先，从图5.4中可以很容易看出，$\triangle ABC$的面积正好是由连接内切圆圆心和三个顶点的线段所构成的三个三角形的面积之和。用符号表示如下：

$$S_{\triangle ABC} = S_{\triangle BCO} + S_{\triangle ACO} + S_{\triangle ABO},$$

$$\text{或}\, S_{\triangle ABC} = \frac{1}{2}(MO)(BC) + \frac{1}{2}(LO)(AC) + \frac{1}{2}(KO)(AB)$$

$$= \frac{1}{2}ra + \frac{1}{2}rb + \frac{1}{2}rc = \frac{1}{2}r(a+b+c) = sr \, \text{。}$$

因此，我们可以说 $r = \dfrac{S_{\triangle ABC}}{s}$。

下面我们来看看其中一个旁切圆的半径[又称为**旁切半径**(exradius)]与三角形的面积及三角形的各边长度有怎样的联系。正如你可能已经预料到的，这里也存在着一个类似的关系，即旁切圆的半径 = 三角形的面积÷(半周长 − 与该旁切圆相切的边的长度)。

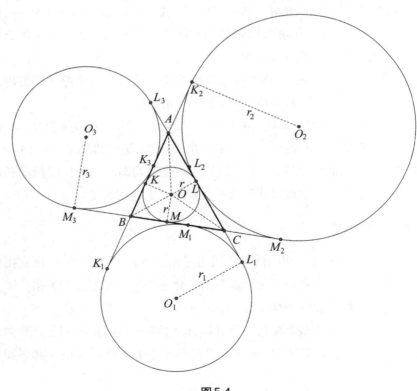

图5.4

我们可以从图5.5中看出这一点。用符号表示如下：

$$S_{\triangle ABC} = S_{\triangle ACO_1} + S_{\triangle ABO_1} - S_{\triangle BCO_1},$$

由此可推出

$$S_{\triangle ABC} = \frac{1}{2}(L_1O_1)(AC) + \frac{1}{2}(K_1O_1)(AB) - \frac{1}{2}(M_1O_1)(BC)$$

$$= \frac{1}{2}r_1 b + \frac{1}{2}r_1 c - \frac{1}{2}r_1 a = \frac{1}{2}r_1(b + c - a) = r_1(s - a)。$$

因此，$r_1 = \dfrac{S_{\triangle ABC}}{s - a}$。

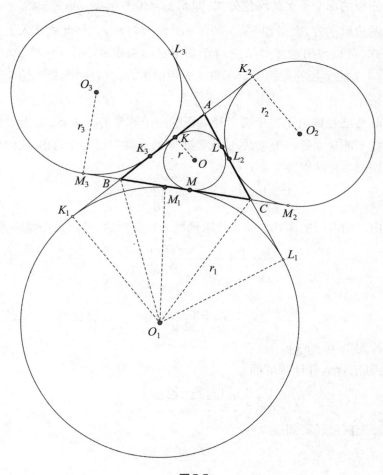

图5.5

类似地,还能得出 $r_2 = \dfrac{S_{\triangle ABC}}{s-b}$ 和 $r_3 = \dfrac{S_{\triangle ABC}}{s-c}$ 。

利用到目前为止所得的一些结果,可以做一些很好的处理。例如,假设将 4 个切半径相乘,看看会得出什么。为了将这 4 个半径相乘,我们使用上文所得出的相等关系。

$$r \cdot r_1 \cdot r_2 \cdot r_3 = \frac{S_{\triangle ABC}}{s} \cdot \frac{S_{\triangle ABC}}{s-a} \cdot \frac{S_{\triangle ABC}}{s-b} \cdot \frac{S_{\triangle ABC}}{s-c} = \frac{S_{\triangle ABC}^4}{s(s-a)(s-b)(s-c)} \text{。}$$

最后这个分数的分母让我们回想起在只给定三边长度的情况下求三角形面积的那个著名的**海伦公式**,即 $S_{\triangle ABC} = \sqrt{s(s-a)(s-b)(s-c)}$ 。如果将该等式两边取平方,就得到 $S_{\triangle ABC}^2 = s(s-a)(s-b)(s-c)$ 。将此式代入上面那个等式,可以得出这样的结论:4 个切半径的乘积 $r \cdot r_1 \cdot r_2 \cdot r_3 = S_{\triangle ABC}^2$ 。换言之,这 4 个切半径的乘积等于三角形面积的平方,这是一个相当惊人而简洁的结论。

既然已经得出了关于切半径乘积的一个非常好的关系,那么我们来看看能不能建立另一个关系。这次要研究的是关于切半径的和。我们从三个旁切圆半径的倒数之和开始:

$$\frac{1}{r_1} + \frac{1}{r_2} + \frac{1}{r_3} = \frac{s-a}{S_{\triangle ABC}} + \frac{s-b}{S_{\triangle ABC}} + \frac{s-c}{S_{\triangle ABC}} \text{,}$$

这是由之前得出的那几个关系式求倒数之和得到的。将此式化简后得到

$$\frac{1}{r_1} + \frac{1}{r_2} + \frac{1}{r_3} = \frac{3s - (a+b+c)}{S_{\triangle ABC}} \text{。}$$

由于

$$s = \frac{a+b+c}{2} \text{,}$$

于是得到 $2s = a + b + c$ 。

因此,代入并计算可得

$$\frac{1}{r_1} + \frac{1}{r_2} + \frac{1}{r_3} = \frac{3s - 2s}{S_{\triangle ABC}} = \frac{s}{S_{\triangle ABC}} \text{。}$$

而先前已经得到过

$$r = \frac{S_{\triangle ABC}}{s} \text{,}$$

于是

$$\frac{1}{r} = \frac{s}{S_{\triangle ABC}},$$

由此推出

$$\frac{1}{r_1} + \frac{1}{r_2} + \frac{1}{r_3} = \frac{1}{r}。$$

这是一个值得一提的相当美妙、惊人的关系。

现在，我们已经有了一个关于切半径乘积的关系和一个关于切半径的倒数之和的关系，于是可以将此拓展到考虑△ABC的三条高。我们将边长为a、b、c的三角形三边上的三条高的长度分别记为h_a、h_b、h_c。这样就可以用三种不同的方式来表示△ABC的面积：$S_{\triangle ABC} = \frac{1}{2}ah_a = \frac{1}{2}bh_b = \frac{1}{2}ch_c$，或者$2S_{\triangle ABC} = ah_a = bh_b = ch_c$。这在向前推进的过程中将会用到。在前面，我们得出了$r = \frac{S_{\triangle ABC}}{s}$，因此$sr = S_{\triangle ABC}$。于是可以得到$2sr = ah_a = bh_b = ch_c$。将这4个相等的量中的每一个都写成除以其最后一项的倒数的形式，就得到如下繁分数：

$$\frac{2s}{\frac{1}{r}} = \frac{a}{\frac{1}{h_a}} = \frac{b}{\frac{1}{h_b}} = \frac{c}{\frac{1}{h_c}}。$$

我们现在要运用一种不常见的有用关系：取一系列相等的分数，则它们的分子之和与分母之和会产生一个新的相等分数。将这种方法应用于上面这些相等的分数，就得到

$$\frac{2s}{\frac{1}{r}} = \frac{a+b+c}{\frac{1}{h_a} + \frac{1}{h_b} + \frac{1}{h_c}}。$$

又有

$$s = \frac{a+b+c}{2},$$

于是$2s = a+b+c$，因此就有

$$\frac{1}{r} = \frac{1}{\frac{1}{h_a} + \frac{1}{h_b} + \frac{1}{h_c}},$$

由此推出

$$\frac{1}{r} = \frac{1}{h_a} + \frac{1}{h_b} + \frac{1}{h_c}。$$

令人惊讶的是,这将导出一个更进一步的等式,它把三角形的高与旁切圆半径很好地联系了起来。这个等式如下:

$$\frac{1}{h_a}+\frac{1}{h_b}+\frac{1}{h_c}=\frac{1}{r_1}+\frac{1}{r_2}+\frac{1}{r_3}。$$

现在我们再引入一个圆,即三角形的外接圆(它包含三角形的三个顶点),用以引入一条关于该圆及那个三角形(在本例中就是图5.6中的△ABC)的4个切圆的关系。我们接下来会证明旁切圆半径的长度之和等于内切圆半径的长度加上**外接圆半径**(circumradius)长度的4倍。

我们首先注意到,在图5.6中,△ABC的外接圆(圆心为P)的直径YZ必定也包含点X,而这一点既是线段BC的中点,又是线段MM_1的中点。在

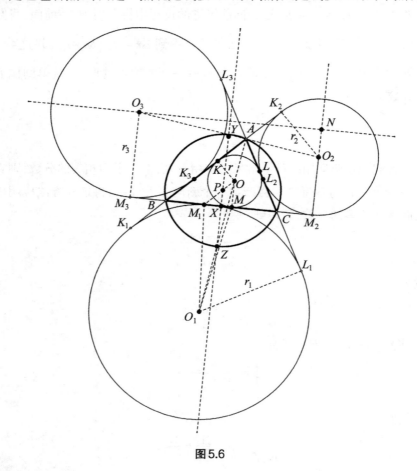

图5.6

后一种情况下,我们应该记得三角形这一边的中点也是内切圆和旁切圆的内公切线段的中点。

因此,$YZ \perp BC$,且 $YZ \perp M_2M_3$。由于 YX 是梯形 $M_2O_2O_3M_3$ 的中位线,因此可以推出

$$YX = \frac{1}{2}(O_2M_2 + O_3M_3) = \frac{1}{2}(r_2 + r_3) 。$$

我们现在要建立一个不太为人们所知的、漂亮的几何关系,即连接梯形对角线中点的线段长度等于上下底长度差的一半(证明在脚注①中提供,以免对这一简单的论述过程造成干扰)。

因此,在梯形 M_1O_1MO 中,有

$$ZX = \frac{1}{2}(M_1O_1 - MO) = \frac{1}{2}(r_1 - r) 。$$

令外接圆半径为 R,于是

$$2R = YX + XZ = \frac{1}{2}(r_2 + r_3) + \frac{1}{2}(r_1 - r) 。$$

因此 $4R = r_1 + r_2 + r_3 - r$,这样就得出前面想要证明的结论,即 $r_1 + r_2 + r_3 = 4R + r$。这个过程可能有点乏味,但得出的结果表明了此方法的正确性。

---

① 在图 5.7 中,我们将证明 $w = \frac{1}{2}(a - b)$。

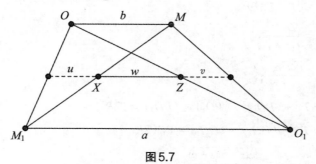

图 5.7

由于连接一个三角形两边中点的线段长度等于第三边长度的一半,因此对于 $\triangle MM_1O_1$,有 $w + v = \frac{1}{2}a$;而对于 $\triangle M_1OO_1$,有 $w + u = \frac{1}{2}a$。将这两个等式相加,就得到 $2w + v + u = a$。由于 $u = \frac{1}{2}b$,且 $v = \frac{1}{2}b$,因此将这些值代入前一个等式,就得到:

$$2w + \frac{1}{2}b + \frac{1}{2}b = a,于是 \ w = \frac{1}{2}(a - b) 。——原注$$

切圆还有很多其他关系,我们在这里列出几条你可能想要探究的。

• 三角形的内切圆圆心与外接圆圆心之间的距离 d 可以由以下公式确定:$d^2 = R(R-2r)$。

• 三角形的外接圆圆心 P 与三个旁切圆圆心 O_1、O_2、O_3 之间的距离由下列等式给出:

$$(PO_1)^2 = R(R+2r_1) , (PO_2)^2 = R(R+2r_2) , (PO_3)^2 = R(R+2r_3)。$$

• 关于前一个主题的更多变化形式:

○ $\dfrac{1}{r_1} = \dfrac{1}{h_b} + \dfrac{1}{h_c} - \dfrac{1}{h_a}$;

○ $\dfrac{1}{r_2} = \dfrac{1}{h_a} + \dfrac{1}{h_c} - \dfrac{1}{h_b}$;

○ $\dfrac{1}{r_3} = \dfrac{1}{h_a} + \dfrac{1}{h_b} - \dfrac{1}{h_c}$ 。

• 另一些奇特的关系:

○ $Rr = \dfrac{abc}{4s}$;

○ $R = \dfrac{abc}{4S_{\triangle ABC}}$;

○ $r_1 = \sqrt{\dfrac{s(s-b)(s-c)}{(s-a)}}$;

○ $h_a = \dfrac{2rr_1}{r_1 - r}$;

○ $h_a = \dfrac{2r_2 r_3}{r_2 + r_3}$;

○ $(PO)^2 + (PO_1)^2 + (PO_2)^2 + (PO_3)^2 = 12R^2$;

○ $(OO_1)^2 + (OO_2)^2 + (OO_3)^2 = 8R(2R-r)$;

○ $r_a = \dfrac{rs}{s-a} = \sqrt{\dfrac{s(s-b)(s-c)}{(s-a)}}$ 。

• 一个直角三角形的面积等于其斜边被内切圆分割成的两条线段长度的乘积。

• 一个直角三角形的两条直角边的长度之和减去斜边长度等于其内切圆的直径。

● 一个三角形的外接圆圆心到各边的距离之和等于该三角形外接圆半径与内切圆半径的长度之和。

● 与一个三角形的内切圆相切并平行于三角形相应边的三条直线切割出三个小三角形,它们的周长之和等于原三角形的周长。

第6章 作圆:阿波罗尼乌斯问题

　　用一把没有刻度的直尺和一副圆规来进行几何作图,这个问题几千年来一直深深吸引着数学家。在我们对圆的研究中,如果不考虑作圆问题,那就是疏忽。在考虑它的过程中,必须知道的是**阿波罗尼乌斯问题**(Problem of Apollonius),它是数学史上最著名的问题之一。简单地说,这个问题是要确定如何作出一个圆,使其满足下面这些几何条件:与一条给定的直线相切,与一个给定的圆相切,或包含一个给定的点。也就是说,要求我们作一个圆,满足下列任意一组的三个几何条件。这样的三个一组的几何条件有下面10种可能性,它们是:

　　1. 三个给定的非共线点(PPP);

　　2. 两个点和一条直线(PPL);

　　3. 一个点和两条直线(PLL);

　　4. 三条非共点直线(LLL);

　　5. 两个点和一个圆(PPC);

　　6. 一个点、一条直线和一个圆(PLC);

　　7. 两条直线和一个圆(LLC);

　　8. 一个点和两个圆(PCC);

　　9. 一条直线和两个圆(LCC);

　　10. 三个圆(CCC)。

在我们探究每一种情况之前，先来看看这个著名问题的历史。阿波罗尼乌斯(Apollonius，前262—前190)出生在小亚细亚南部的希腊小城佩尔加(Perga)。实际上，阿波罗尼乌斯如今的名声主要是源于他的《圆锥曲线》(*Conics*)一书。他在书中把这些著名的曲线命名为：椭圆、抛物线和双曲线。我们知道关于圆的这个问题，主要是因为亚历山大的帕普斯(Pappus of Alexandria，290—350)的一些著作，他在《分析荟萃》(*Treasury of Analysis*)一书中提到了阿波罗尼乌斯的研究工作。这本书是对一组几何书籍的评注，这些书的作者是当时的一些主流学者，还包括埃拉托色尼(Eratosthenes)和阿里斯塔俄斯(Aristaeus)等。这个问题一般被称为阿波罗尼乌斯问题，尽管欧几里得在《几何原本》第四卷中已经给出了前两种情况的作图方法。阿波罗尼乌斯在《圆锥曲线》一书的第一卷中说明了上述3、4、5、6、8、9这几种情况的作图方法，而7、10这两种情况的作图方法需要通读第二卷。应该指出的是，最后一种情况，即第10种情况，深深吸引了一些最著名的数学家，其中包括艾萨克·牛顿，这种情况有时被单独称为阿波罗尼乌斯问题。

在本章，我们将分别介绍上述10种情况的作图方法。首先从作一个包含三个非共线点的圆开始。

作图1：PPP

给定三个点 A、B、C，要求作一个通过这三个点的圆。为了做到这一点，需要把这三个点连接成一个三角形，然后作出其两边的垂直平分线。这两条垂直平分线的交点就是所求圆的圆心，然后只需要以 OA 为半径画出所求的圆(参见图6.1)。

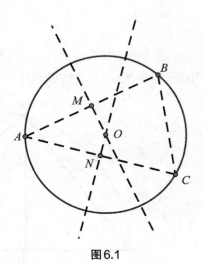

图6.1

作图2：PPL

在这种情况下，给定的是两个点 P_1、P_2 和一条直线 l。假如我们能看到按要求作好的图形，就会注意到包含弦 P_1P_2 的那条直线会与给定直线 l 相交于点 A，这是两个圆外的一点，由该点向这两个圆作出一条切线和一条割线，如图 6.2 所示。请回忆一下，从一点出发的圆的切线段的长等于该点到割线与圆交点的两条线段长的比例中项。换言之，我们令 t 为 AP_1 与 AP_2 的比例中项。

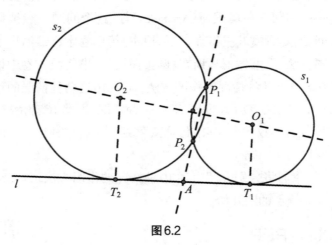

图6.2

通过在一条线段上标出 AP_1 和 AP_2，就很容易作出这两条线段的比例中项（参见图6.3）。以线段 P_1P_2 为一个圆的直径，在点 A 处作一条垂线，与

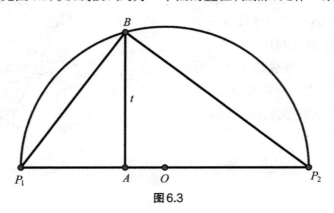

图6.3

圆的交点为 B，则线段 AB 是直角三角形斜边上的高，因此就等于斜边上这两条线段的比例中项。

一旦作出了这个比例中项 t，就可以沿着直线 l 标出线段 AT_1 和 AT_2。由于 AT_1 和 AT_2 都是割线 AP_1 上的两条线段的比例中项，因此 T_1 和 T_2 就是要求的两个圆的切点。于是，我们可以利用刚才的作图 1（PPP）作出符合要求的圆（在本例中是两个圆），它通过给定的两个点，并与给定的直线相切。

作图 3：PLL

假如我们能看到给定一个点 P 和两条直线 l_1、l_2 时作好的图形，就会发现通常有两个解，它们都经过两个公共点 P 和 P'。这两个点相对于角平分线 OB 是对称的，如图 6.4 所示。

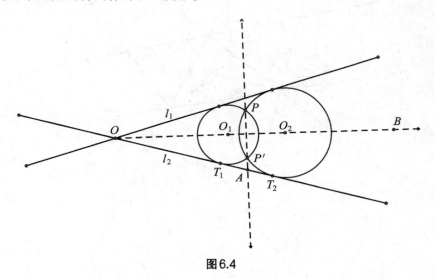

图6.4

此外，包含公共弦 PP' 的直线必定在点 A 处与其中一条给定直线（比如说 l_2）相交。我们可以作出由给定直线 l_1 和 l_2 所构成的两个对顶角之一的角平分线 OB，并由此找到与点 P 关于 OB 对称的点 P'。本质上，我们所做的就是把作图 3（PLL）简化为之前刚刚完成的作图 2（PPL）。

作图 4：LLL

作圆，使每个圆都与三条直线（在本例中是△ABC的三条边所在的直线）相切。要做到这一点，需要确定每个圆的圆心，它们是各角平分线的交点，如图6.5所示。然后要求出每个圆的半径。而为了做到这一点，我们从每个圆心到这些直线作一条垂线段，这也就决定了切点。连接圆心与该圆上的切点的线段就是它的半径。一旦确定了圆的半径和圆心，这个圆就可以画出来了。

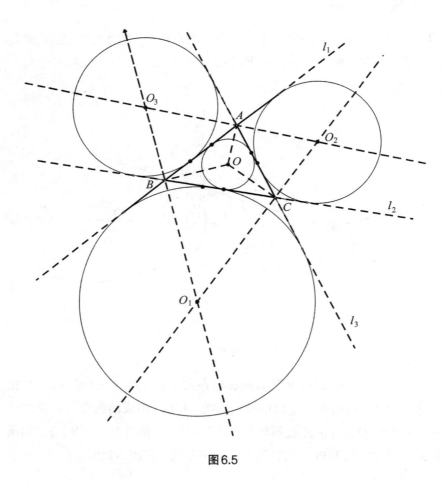

图6.5

作图5：PPC

同样，由给定的两个点 P_1、P_2 和一个圆 c 来作一个圆，我们需要先查看已完成的图，以便为作图做适当的分析和计划。如图 6.6 所示，这两个圆在点 T 处相切，可以在该点处画一条公切线。如果从这条切线上的点 A 作两条割线，使它们与要求的那个圆相交于点 P_1 和 P_2，并与给定的圆相交于点 Q 和 R，那么就会得到 $AP_1 \cdot AP_2 = AT^2 = AR \cdot AQ$。由这个等式可以推断出 P_1、P_2、Q、R 这 4 个点是共圆的，也就是说它们在同一个圆上。换言之，如果作一个通过点 P_1、P_2、Q 的圆，那么这个圆也通过点 R。

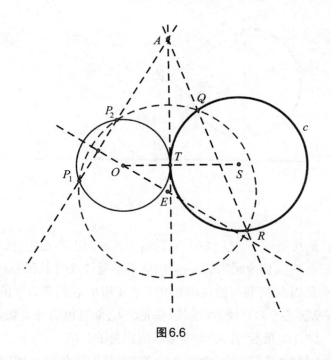

图6.6

既然现在已经建立了构型，我们就可以"反向"地进行实际作图了。首先画出线段 P_1P_2 的垂直平分线，它恰好是通过点 P_1 和 P_2 的所有圆的圆心轨迹。在这条垂线上选择任意点 E，并以点 E 为圆心、EP_1 为半径作圆，可将该圆记作 (E, EP_1)，从而使其与圆 c 相交于点 Q 和 R。接下来，作直线 QR 与 P_1P_2 相交于点 A，并从点 A 作圆 c 的切线 AT。下面继续，我们作通过圆 c

的圆心 S 的射线 ST，与 P_1P_2 的垂直平分线相交于点 O，这就是要求的那个圆的圆心。因此，我们能够作一个圆，其圆心为 O，通过两个给定的点 P_1 和 P_2，同时还与圆心为 S 的给定圆相切。考虑另一条从点 A 向圆 c 所作的切线，就可以得出第二个解答。

作图6：PLC

同样，为了得到通过一个给定点并与一条给定直线和一个给定圆都相切的圆，我们还是先看一下已完成的图形（如图6.7所示），这使我们能从这一图形的构成来分析其中的种种关系。

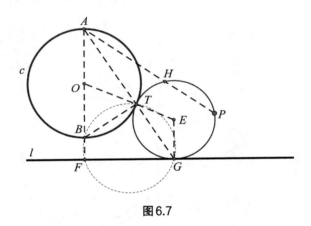

图6.7

我们试图找到一个圆 (E, EG)，它与给定圆 c 相切，与给定直线 l 相切，并通过给定点 P。这两个圆的圆心连线 OE 必定通过点 T。从圆心 O 向直线 l 作垂线，垂足为点 F，并与给定圆相交于点 A 和 B，它们是直径的两个端点。接下来从圆心 E 向直线 l 作垂线，垂足为 G，而这也恰好是切点。然后作线段 BT、AT、TG。最后，作 AP 与要求的圆相交于点 H。

直线 OF 与 EG 平行，$\triangle OAT$ 和 $\triangle TEG$ 都是等腰三角形，它们在圆心 O 和 E 处的顶角相等（两条平行线的内错角相等）。因此，底角 $\angle OAT = \angle ETG$。于是可以得出结论，AT 和 TG 在同一条直线上。同时，由于 $\angle ATB$ 内接于一个半圆，因此它是一个直角。于是 $\angle BTG$ 也是一个直角。如果我们现在将注意力集中在四边形 $FBTG$ 上，就会注意到顶点 F 和 T 处的这两个对角都

超越直线的数学探索 神奇的圆

是直角，因此它们是互补的，而这就意味着这个四边形内接于一个圆，其外接圆直径为 BG。当我们考虑过点 A 的割线时，就可以得到如下等式：$AT \cdot AG = AB \cdot AF$。而由于点 T、G、P、H 也是共圆的（这是因为它们都在圆 E 上），所以还可以得到 $AH \cdot AP = AT \cdot AG$。由此可得 $AH \cdot AP = AB \cdot AF$。由此可以找到点 H，从而将这个问题转化成作图 2（PPL）。

我们就这一点做如下详细说明。首先用以下方法找到点 H：从圆 c 的圆心 O 作直线 l 的垂线，这条垂线与圆 c 相交于点 A 和 B，并与直线 l 相交于点 F。然后在直线 AP 上作一条长度为 AH 的线段，该线段长可用下式求得：

$$\frac{AP}{AF} = \frac{AB}{AH}。$$

然后重复在作图 2（PPL）中所做的，就完成了要求的作图。不过，这次要用到的是点 P、H 和直线 l。

作图 7：LLC

正如之前所做的那样，我们假设要求的图已经作出来了，这样就可以分析如何得到这个圆。在图 6.8 中可以看到，我们想要的结果是圆 s，它与直线 l_1、l_2 相切，并且与圆 c 相切。最终想要画出的圆 s 的圆心在点 O，而给定圆的圆心是点 A。由于我们不知道要求的那个圆的半径，因此用 x 来表示这一长度，并用 r 来表示给定圆 c 的半径长度。于是 OA 的长度就等于

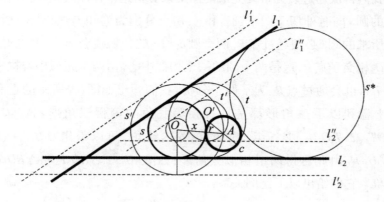

图6.8

$x+r$。由此得出的结论是,如果以点 O 为圆心、$x+r$ 为半径作一个圆 s',那么它就会通过点 A。于是可以作两条直线 l'_1 和 l'_2,它们分别平行于两条给定直线 l_1 和 l_2,并与圆 s' 相切,且 l'_1 与 l_1、l'_2 与 l_2 之间的距离都为 r。

这些直线很容易作出,于是这个问题就被简化为作图3(PLL)。在这种情况下,给定的点就是给定圆 c 的圆心 A,并且 l'_1 和 l'_2 分别与给定直线 l_1 和 l_2 平行,l'_1 与 l_1、l'_2 与 l_2 之间的距离都为 r。构成这个作图问题解答的圆 s 会给出要求的圆心 O。由作图3(PLL)可知通常存在两解,所以这里也应该有两解,s 和 $s*$,如图6.8所示。

还有另一种可能性仍然需要讨论,即假设作为解答的圆 t **内切**于给定圆这一情况。在这种情况下,连接它们的圆心的线段 $O'A$ 的长度会等于它们的半径之**差**,而不是像之前那样等于它们的半径之**和**。这次我们引入一个新的辅助圆 t',它与圆 t 构成同心圆,但在圆 t 的内部,其半径为 $x-r$。它会通过给定圆的圆心 A,并与两条辅助线 l''_1 和 l''_2 相切,这两条辅助线分别平行于两条给定直线 l_1 和 l_2,但在它们相交所形成的角的**内部**,而不是像之前那样在这个角的**外部**。我们再一次将问题简化成了已经解决了的作图3(PLL),而此时的重要组成部分是点 A 和直线 l''_1、l''_2。在这种情况下也有两解,但在图6.8中只展示了其中一解,即圆 t。

作图8:PCC

我们再次通过研究最终完成的图形来分析这一作图过程。也就是说,所求的圆 s 同时外切于两个圆 c_1 和 c_2,切点分别为 T_1 和 T_2,如图6.9所示,而且所求的圆 s 必须经过点 P。两个圆 c_1 和 c_2 的公切线会与它们的圆心连线 O_1O_2 相交于点 R,这是两个圆的一个相似中心。由两个相似中心构成的直线 T_1T_2 也会通过点 R。为了便于分析,我们画出如图6.9所示的点和直线。注意到以下三角形都是具有相等底角的等腰三角形:$\triangle U_1O_1T_1$、$\triangle T_1OT$、$\triangle T_2O_2U_2$。由各组不同的相等内错角,可以得出 $O_1U_1 /\!/ OO_2$ 及 $O_1O /\!/ U_2O_2$。由此可得两组相似三角形:$\triangle RO_1U_1 \backsim \triangle RO_2T_2$ 和 $\triangle RO_1T_1 \backsim \triangle RO_2U_2$。它们给出以下比例关系:

$$\frac{RU_1}{RT_2} = \frac{RO_1}{RO_2} = \frac{RT_1}{RU_2},$$

从而推出 $RU_1 \cdot RU_2 = RT_1 \cdot RT_2$。而对于每个单独的圆，有 $RU_1 \cdot RT_1 = RK_1^2$ 和 $RU_2 \cdot RT_2 = RK_2^2$。

由此可推出:

$$(RU_1 \cdot RT_1) \cdot (RU_2 \cdot RT_2) = (RU_1 \cdot RU_2) \cdot (RT_1 \cdot RT_2)$$
$$= (RT_1 \cdot RT_2)^2$$
$$= RK_1^2 \cdot RK_2^2,$$

因此 $RT_1 \cdot RT_2 = RK_1 \cdot RK_2$。

综上可得结论:点 T_1、T_2、K_2、K_1 都在同一个圆上，即它们是共圆的，正如 T_1、T_2、P、Q 也是四点共圆的情况，因此 $RQ \cdot RP = RT_1 \cdot RT_2 = RK_1 \cdot RK_2$。最后一项乘积成立的原因是，一旦我们作出那两个圆的公切线，就可以由这两个给定的相切圆得到这一结论。为了作出这条切线，我们先画出圆 $c'(O_2, O_2K)$，其中半径 O_2K 等于两个给定圆的半径之差。从 O_1 向圆 c' 作一条切线，两个给定圆的公切线会平行于切线 O_1K，并且与它之间的距离等于 O_1K_1。

由上面得到的等式 $RQ \cdot RP = RK_1 \cdot RK_2$，通过第四比例线段作图，确定点 Q 在 RP 上，于是就把问题转化成了作图 5 (PPC)，利用的是点 P 和 Q，

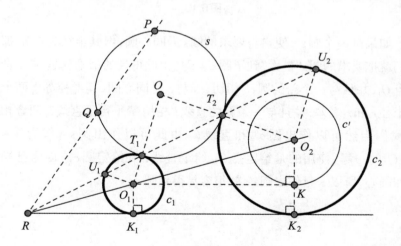

图6.9

以及两个给定圆之一。

由于我们也可以使画出的圆s内切于两个给定圆中的任意一个，或者同时内切于这两个给定圆，又由于相对于给定的两个圆，点P可能位于不同位置，而这两个给定圆又可能位于相对于彼此的各种不同位置，因此还存在着一些必须探究的其他可能情况。我们把这项赏心悦目的事留给志存高远的读者。

作图9：LCC

正如前面的那些探究过程，我们假设圆已经求得，如图6.10所示。这里给定的是半径分别为r_1和r_2的两个圆c_1和c_2，以及一条直线l。

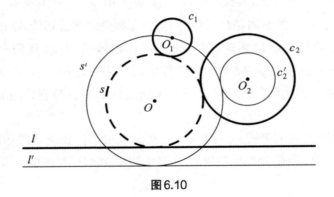

图6.10

如果画一个圆s'，使它与要求的圆s为同心圆，但其半径为OO_1，那么我们就把要求的圆s"扩大"到了圆s'。于是由此得到的结论就是，圆s'会通过点O_1，并且与一个新的圆c'_2相切。c'_2与c_2是同心圆，其半径等于两个给定半径r_1和r_2之差，并且与一条新的直线l'相切。l'平行于直线l，两者相距r_1。我们当然可以作出圆c'_2和直线l'。由此可以作出圆s'。作为作图6 (PLC)的一解，使用的是给定点O_1、给定直线l'和给定圆c'_2。因为已知半径和圆心，所以一旦作出圆s'，就很容易得到圆s。

作图10：CCC

这10道作图题中的最后一题常被称为"阿波罗尼乌斯问题"，并作为特例而独立于其他几道作图题。它偶尔也被称为"**阿波罗尼乌斯圆**"（Circle of Apollonius）。给定的三个圆可能位于各种不同的相对位置，其中任何一种相对位置都可能导致多个解。你能想到一种完全无解的情况吗？如果三个给定的圆都是同心的，那么会发生什么情况？

排布这三个给定的圆有很多种方式，其中一种如图6.11所示。在这张图中，我们会注意到要求的这个圆与另外三个圆相切——与一个圆内切，与两个圆外切。

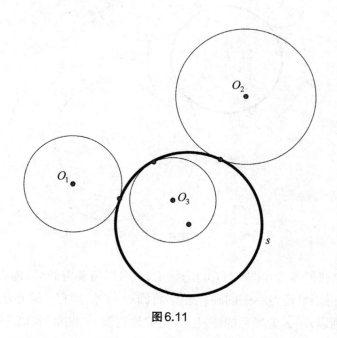

图6.11

不管怎样，我们在这里只讨论这三个圆的一种可能排布——这可以被认为是最一般的情况。在这种情况下，所有圆都在彼此的外部。

一般而言，这种情况可以导致各种不同的解，事实上共有8个解。这里我们只考虑其中一个解，即与三个给定圆都外切的圆。其他能够作为解答的圆可以与其中某些给定圆外切而与另一些给定圆内切,例如在图6.11中所展示的情况。

再次假设我们已经得出了所求的圆,这样就可以分析它——从某种意义上来说是逆向操作。具体来说,我们的目的是希望作一个半径为r的圆s,使其与三个给定圆c_1、c_2、c_3相切,这三个圆的圆心分别为O_1、O_2、O_3,半径分别为r_1、r_2、r_3。如图6.12所示。

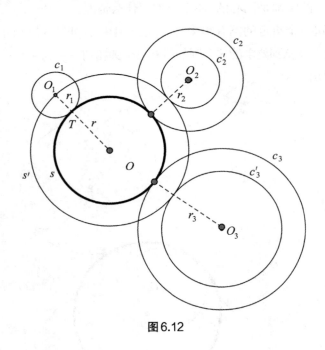

图6.12

如果我们参考作图9(LCC)的结论,就可以将要求的圆s同心地向外扩展,以得到半径为$r+r_1$的圆s'。然后将圆c_1"收缩"到它的圆心O_1,将圆c_2"收缩"到以r_2-r_1为半径的圆c'_2,并类似地将圆c_3"收缩"到以r_3-r_1为半径的圆c'_3。于是我们注意到,圆s'会通过点O_1,并与圆c'_2及圆c'_3相切。这实际上就恰好把我们带回作图8(PCC)——已知点O_1,可以很容易地作出圆c'_2和c'_3。然后,通过将圆s'同心地"收缩"到圆s(其圆心为O,半径$OT=OO_1-r_1$),就可以得到要求的圆s了。

在图6.13中展示了另一解,其中圆s与圆c_1内切,且与圆c_2及c_3外切。

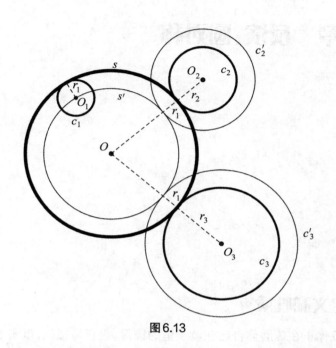

图6.13

此时解答的过程与前文非常相似,仍然是通过作图 8(PCC)的解找到圆 s'。但是在本例中,圆 c'_2 的半径为 $r_2 + r_1$,圆 c'_3 的半径为 $r_3 + r_1$。

　　在这一章中,我们讨论了阿波罗尼乌斯问题的全部 10 种情况。不过,这些情况有许多变化形式,留待读者自己去探究。

第7章 反演:圆对称

定义和性质

想象你正在琢磨你自己在镜子里的镜像。很容易想到,事实上你看到的这个像并不是你自己,而是有某个碰巧和你长得很像的人站在镜子的另一边。从某种意义上来说,在你的脑海中,镜子将"你这边"的世界与"另一边"的世界连接在了一起。不需要具有刘易斯·卡罗尔[①]那样的想象力,就可以想象出另一边的那个世界拥有独立的生活。但实际上,这样独立的生活是不可能存在的。这个虚假世界总是与你自己的世界完全对称,而且这个通过观察你的镜像而想象出来的世界,从数学意义上来说,就是你自己的世界的**镜射**(reflection)。

将这个概念降低一个维度,并且另加一定量的抽象化,就得到关于平面中的一根轴的**镜射**概念。

如图7.1所示,如果想象点 P 正在直视镜面的反射轴,那么点 P 就正

[①] 刘易斯·卡罗尔(Lewis Carroll)是英国作家、数学家、逻辑学家、摄影家和儿童文学作家查尔斯·路特维奇·道奇森(Charles Lutwidge Dodgson, 1832—1898)的笔名,他最著名的儿童文学作品是《爱丽丝漫游奇境记》(*Alice's Adventures in Wonderland*)及其续集《爱丽丝镜中奇遇记》(*Through the Looking-Glass, and What Alice Found There*)。——译注

在直视点 F，而点 F 正是它自己在镜子上的垂足。点 P 想象看到了在另一边的点 P'，点 P' 到点 F 的距离与点 P 到点 F 的距离是一样的。从这种意义上说，当点 P 和点 P' 关于我们称之为"轴"的那条直线对称时，点 P' 就是点 P 的"镜射"。

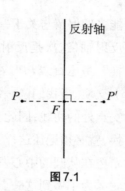

图7.1

在这本论述圆的书中，我们会把这个镜射概念推广到关于一个圆的镜射，而不是上面所提到的关于一条直线的镜射。这样一种镜射被称为**反演**（inversion）。当然，在引入任何一个新概念的时候，都需要给出确切的定义，而在本例中，就是要定义"关于一个圆的镜射"，或是反演。有几种方法能进行定义，并且会产生与关于一条直线的镜射类似的性质。

比较一下图7.2中所示的两个图形。在左边，是关于一条直线（图中用竖线表示）的标准的镜射，我们将这条直线称为**反射轴**（axis of reflection）。还有由这一镜射所联系的一对点 P 和 P'，它们位于与反射轴垂直的同一条直线上，这条直线上在对称轴一边的所有点都映射为同一条直线上的点，但这些映射点都在对称轴的另一边，反之亦然。

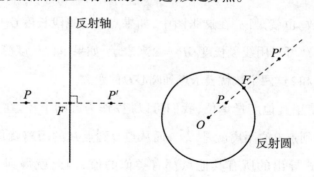

图7.2

在图7.2的右边，我们用一个圆来代替左边的轴。正如轴把无限平面分割成两部分一样，圆也把平面分割成两部分。显然，可以看到平面在这里被分割的方式是不同的。轴将平面分割成两个无界区域，而圆则将平面分割成一个有界区域（圆内区域）和一个无界区域（圆外区域）。如果要定义关于一个圆的镜射（这个圆起着"轴"的作用），那么我们就会希望尽可能多地保留与关于一条直线的镜射类似的一些属性。也就是说，我们希望反射轴（这次是反射圆）的相对边上的各点，即圆内和圆外各点可以"交换"。考虑直线 PP'。在这里，有一条垂直于"轴"的直线上的点要在该平面上交换。当我们说一条直线垂直于圆时，实际上指的是它垂直于圆与直线交点处的切线，因此它也包含着圆的直径。如果想要让内部和外部的点交换，就必须记住这样一个事实：在圆的两边都有"外面的"部分。因此，我们希望在从圆的中心发出的每一条射线上交换"内"和"外"。

为了做到这一点，可以把射线看作一根数轴的正半轴。

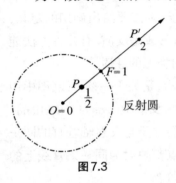

图7.3

如果把射线的起点放在圆心处，把单位点（即长度为1的度量）放在圆上的点 F 处（朝点 P 的方向），如图7.3所示，那么就会看到这条射线上所有在圆内的点表示0到1之间的值，而这条射线上所有在圆外的点表示大于1的值。从这个角度来看，我们是在将射线上的一些点映射到该射线上的其他点。我们让沿着这条射线的度量彼此互为倒数。也就是说，在这张图中，如果点 P 用线段长度 $OP = \frac{1}{2}$ 来表示，那么点 P' 可以用线段长度 $OP' = 2$ 来表示。如果单位长度等于圆的半径，那么 $\frac{1}{2}$ 和2这两个数就表示点到圆心 O 的距离。

通过使用其他度量单位，我们可以把 r 作为圆的半径。在这种情况下，从点 O 到点 P 的距离就是 $\frac{1}{2}r$，而从点 O 到点 P' 的距离就是 $2r$。由于以这种方式导出的所有其他点都有类似的值，因此就得到了定义式 $OP \cdot OP' = r^2$。

这展示了射线 OF 上的点 P 与点 P' 之间的联系。如果沿着这个思路拓展，就可能得到点 Q 和点 Q'，它们到点 O 的距离，比如说是 $OQ = \frac{1}{3}r$ 和 $OQ' = 3r$。它们也可以互换，这是因为 $OQ \cdot OQ' = r^2$ 同样成立。更一般的情况是，对于任意正整数 k，都可以得到点 Q 和点 Q'，满足 $OQ = \frac{1}{k}r$ 和 $OQ' = $

kr。它们是可以互换的,或者说,它们是通过圆的"镜射"(从现在开始我们将称之为**反演**)相互映射的。点Q距离圆心O越近,它的镜像点Q'距离圆心就会越远。

在定义了反演之后,就可以注意到,关于点的这个关系有一些与关于直线轴的镜射共有的、相当有趣的性质。让我们考虑下列图形:

图7.4中的镜射和反演都与图7.2相同。在左边的图形中添加了一个通过点P和点P'的圆(的一部分)。任何同时通过点P和点P'的圆,其圆心必定与这两点等距,因此就会在反射轴上,而反射轴当然就是PP'的垂直平分线。如果一个圆的圆心在这条直线上,就说这个圆垂直于这条直线,这实际上意味着在它们交点处的圆的切线是垂直于反射轴的,如图7.4所示。

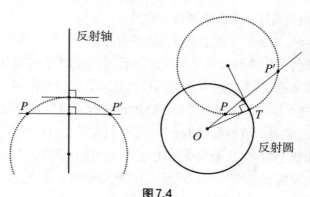

图7.4

现在,将此与图7.4右边的图形做比较,我们在右图中画了一个经过点P和点P'的圆。这个圆的圆心距离点P和点P'也是等距的。根据反演的定义,我们知道$OP \cdot OP' = r^2$。我们还知道,从圆外一点向圆作一条切线和一条割线时,该切线段的长就是该点到割线与圆交点的两条线段长的比例中项,这是之前在第2章回顾过的知识。因此,向通过点P和点P'的圆所作的切线段OT的长恰好等于r。由于点T处的这条切线垂直于通过点P和点P'的圆的半径,因此可以看到这两个圆相交成直角,如图7.4所示。

由此,可以立即看出这两种镜射——以直线为轴和以圆为轴的镜

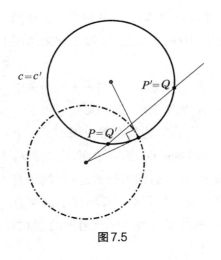

射——之间的一个有趣的类比。在这两种情况下，我们都可以取任何与反射轴（圆）也相交成直角的圆，并找到这个圆与垂直于反射轴（圆）的直线的交点，从而找到"对称"点（即成对的点中的另一个点）。

此外，我们还看到（见图7.5），通过反演的变换，将任何与反射圆[反射圆通常也被称为**反演圆**（circle of inversion）]相交成直角的圆上的点映射为同一圆上的其他点。简单地说，这一变换把这样一个圆映射为它本身。

图7.5

与此同时，这是一个相当值得注意的有趣事实。关于一条直线的规则镜射会将任何图形映射为一个全等的图形，而我们不会期望从反演中也得到这样的结论，因为它将反演圆的任何径向射线的有限部分映射为无限部分，反之亦然。因此，似乎可以很合理地认为，没有一个圆会映射到一个圆（我们这里对术语的使用不太严谨。我们实际上讨论的是，将圆上的点映射到曲线上的点，这条曲线可能是圆，也可能不是圆，但所指的意思从上下文来看应该是清楚的）。然而，在这里我们有一整类能够完全映射到自身的圆。我们还会遇到什么惊喜呢？

实际上，这个事实只是这个奇怪的反演世界中，对圆所发生的事情的第一个暗示。正如我们将看到的，圆和直线会被映射到圆和直线（当然是从点对点的意义上来说）。令人惊讶的是，我们会发现圆和直线或多或少可以被看作相同事物的一些特例：那些可以被看作类似于"广义圆"的对象。

然而，在讨论这条吸引人的性质之前，我们应该先看一下反演的另一个几何定义。这个定义等价于我们到现在一直在用的那个反演定义，事实会证明，在接下来的讨论中有了这个新定义是相当有益的。

假设给定一个圆（圆心为 O，半径为 r），用这个圆来定义反演。此外，还假设在这个圆的内部给定一点 P。执行以下步骤。

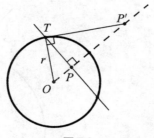

图7.6

首先,作从点 O 发出并通过点 P 的射线,如图7.6所示。通过点 P 且垂直于这条射线的直线与圆交于两点,将其中一点命名为点 T。将点 P 的反演点定义为点 P',它是圆在点 T 处的切线与射线 OP 的交点。

对于点 P',把这个作图过程的顺序反过来。首先找到圆的一条通过点 P' 的切线,切点为点 T,作从点 O 发出并通过点 P' 的射线,并作出通过点 T 且垂直于这条射线的直线,然后找到这条射线和这条直线的交点。

现在比较容易理解为什么这个定义与前文介绍的定义等价了。$\triangle OPT$ 和 $\triangle OTP'$ 是直角三角形,而 $\angle O$ 是它们的公共角,因此它们是相似三角形,于是有

$$\frac{OP}{OT} = \frac{OT}{OP'},$$

从而得出 $OP \cdot OP' = OT^2$。由于 $OT = r$,因此这就是原先的定义式 $OP \cdot OP' = r^2$。

反演的拓展:圆和直线

我们现在已准备好来看一些简单图形的反演了。如果一条直线 l 通过反演圆 c 的中心 O,那么我们已经知道,该直线上的所有点都会映射为同一直线上的点。点 O 本身是一个明显的例外。对于这个特殊点,我们不曾定义过会发生什么,而且事实上也无法给出定义。从某种意义上来说,点 O 映射为"无穷远",这是因为到点 O 距离为0的点必须映射为到点 O 距离为无穷远的点,如果这两个距离的乘积是0以外的任何值的话。事实上这只是巧辩之词。换句话说,通过点 O 的直线 l 映射为它本身。

那么,一条不通过点 O 的直线会发生什么情况呢?这种情况如图7.7所示。

在这张图中,l 是一条不通过点 O 的直线,点 A 是从点 O 向直线 l 所作垂线的垂足,点 A' 是点 A 关于圆 c 的反演点。点 P 是 l 上的另一个点,点 P'

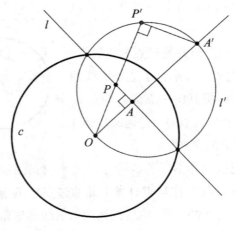

图7.7

是它的反演点。由于(A,A')和(P,P')是两对反演点,因此我们有$OP \cdot OP' = OA \cdot OA' = r^2$,于是得到

$$\frac{OA}{OP} = \frac{OP'}{OA'} \text{。}$$

现在,考虑$\triangle OAP$和$\triangle OP'A'$。$\angle AOP$是这两个三角形的一个公共角,并且它们通过点O的两边成比例,因此它们是相似三角形。这意味着,由于$\angle OAP = 90°$,因此$\angle OP'A' = 90°$。于是点P'就位于直径为OA'的圆上。由于这对l上的所有点P都成立,因此我们可以看出,l以点对点的形式映射为直径为OA'的圆(当然不包括点O本身)。

由于反演也可以朝着另一个方向进行,因此我们可以看到,任何通过点O的圆都映射为一条直线。如果这个圆与c相交(如图7.7所示),那么该圆的反演直线就是连接两个交点的那条直线。如果直线与圆不相交,则结果得到的圆必定完全位于圆c的内部。

那么,到目前为止我们知道了什么?通过点O的直线映射为它们本身,不通过点O的直线映射为通过点O的圆,而这进而意味着通过点O的圆映射为直线。我们还不知道的是,不通过点O的圆会发生什么。图7.8描述了这种情况。

在这张图中,有一个圆心为O_1、半径为r_1的圆c_1,我们希望将它在半

径为 r 的圆 c 上反演。在 c_1 上取一点 T_1，从而使 OT_1 与 c_1 相切。此外，点 P_1 是 c_1 上的一点，点 Q_1 是射线 OP_1 与 c_1 的第二个交点。$P_1{}'$、$Q_1{}'$、$T_1{}'$ 分别是 P_1、Q_1、T_1 的反演点。最后，点 $O_1{}'$ 不是点 O_1 的反演点，而是射线 OO_1 上的满足以下关系的点：

$$\frac{OT_1{}'}{OT_1} = \frac{OO_1{}'}{OO_1}。$$

（其中的原因很快就会显现出来，或者你已经通过观察这个图形猜出来了。）

　　根据反演的定义，我们有 $OT_1{}' \cdot OT_1 = r^2$ 和 $OQ_1{}' \cdot OQ_1 = r^2$。再次利用圆外一点引出的切线段的长就是该点到割线与圆交点的两条线段长的比例中项这个事实，我们就得到

$$\frac{OP_1}{OQ_1{}'} = \frac{OP_1 \cdot OQ_1}{r^2} = \frac{OT_1^2}{OT_1 \cdot OT_1{}'} = \frac{OT_1}{OT_1{}'} = \frac{OO_1}{OO_1{}'}。$$

由于 $\triangle OO_1P_1$ 和 $\triangle OO_1{}'Q_1{}'$ 在点 O 处有一个公共角，可知这两个三角形相似。点 P_1 是 c_1 上的任意一点，这就意味着 c_1 的反演 $c_1{}'$ 是圆心为 $O_1{}'$ 的圆。由

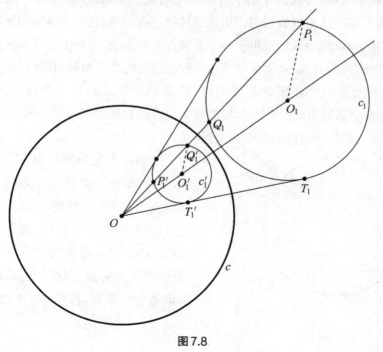

图7.8

于圆 c_1 和 c'_1 相似,根据

$$r' = \frac{r \cdot OT'_1}{OT_1} = \frac{r^3}{OT_1^2},$$

可得到 c'_1 的半径 r'。

总而言之,我们得到了一个有点令人惊讶的结论:所有直线和圆的集合(不包括点 O)映射为其本身。这同样也是我们从直线镜射中得出的结论,此时直线的集合映射为其本身,圆的集合也是如此。对于反演,这些集合现在混合在一起,但是其属性本质上保持不变。

反演还有其他一些有趣的性质,其中有些与关于直线的镜射一样,有些则不然。例如,圆的面积在反演下显然并非不变(而它们在关于一条直线的镜射下却保持不变),但圆和圆(直线和直线)之间的角度则是不变的。如果你对这方面感兴趣的话,我们邀请你进一步去探索它。

通过反演解答阿波罗尼乌斯问题

在第6章中,我们介绍了阿波罗尼乌斯问题,其中所涉及的问题包括:作与各种给定直线和圆相切或通过给定点的圆。其中一些问题比较容易解决,而反演为我们提供了一个非常方便的方法。这是由于反演允许我们将圆转换为直线,从而可以将一些较难的问题简化为较简单的问题。

下面是一个典型的此类问题。给定两个圆 c_1、c_2 和一个点 P(见图7.9),希望通过点 P 作出同时与这两个给定圆相切的圆。用第6章的符号来表示,这是一个作图8(PCC)问题。

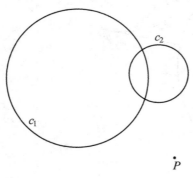

选择一个反演圆 c_i,其圆心为 c_1 和 c_2 的一个公共点 M_i,将 c_1 和 c_2 反演得到直线 c'_1 和 c'_2;找到 c'_1 和 c'_2 的通过点 P' 的公切圆 C'_1 和 C'_2,现在就转化成了一个简单得多的作图3(PLL)问题。图7.10完成了这一反演,由此作出的公切圆 C'_1 和 C'_2 如图7.11所示。

图7.9

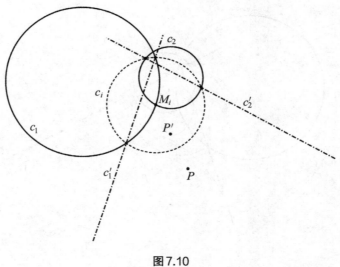

图 7.10

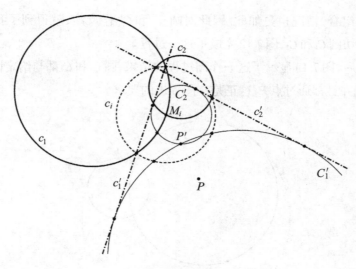

图 7.11

那么,通过这样做能获得什么呢?让我们考虑圆 C'_1。由于 C'_1 通过点 P',因此其反演 C_1 必定通过反演点 P。此外,由于 C'_1 与 c'_1 相切(即它们有一个公共点),因此它们的反演必定也相切,于是圆 C_1 与圆 c_1 恰好有一个公共点,也就是说它们会相切于这个公共点。对于这个图形中的直线与圆

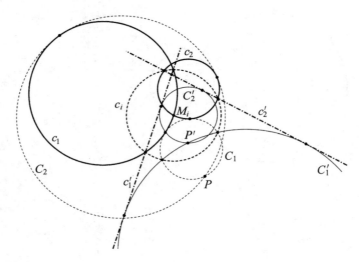

图 7.12

的其他组合,情况也是如此。因此对圆 C'_1 和 C'_2 作反演,就得到了我们要求的相切圆 C_1 和 C_2,图 7.12 完成了这一过程。

最后,图 7.13 显示了这一作图过程的结果,圆 C_1 和 C_2 都与给定圆 c_1 和 c_2 相切,并且都通过点 P,这正是作图提出的要求。

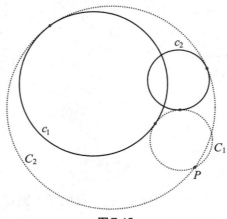

图 7.13

就这样,阿波罗尼乌斯问题中的这个比较困难的问题就被简化成了较简单的问题,并且我们现在掌握了一种方法,能够以一种高效率的方式来解决类似问题。

施泰纳链、帕普斯链、算额

施泰纳链(Steiner chain)是以瑞士几何学家雅各布·施泰纳的名字命名的,他在 19 世纪研究了这种链的许多特性。它被定义为一组圆,这些圆都与给定的两个不相交的圆相切。链中的每个圆也与该链中的前一个圆和后一个圆相切。特别有意思的是所谓的**闭合**施泰纳链,其中第一个圆与最后一个圆也相切。图7.14给出了这样的一条闭合施泰纳链。

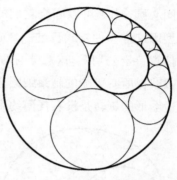

图7.14

正如图 7.15 所示,对两个同心圆连同均匀分布在二者之间并相互接触的一些全同的圆作反演,就可以很容易产生这样的闭合施泰纳链。

施泰纳链有一个非常有趣的性质,可以很容易地从作图过程推导出来。如果对于两个给定的圆,存在一条由 k 个圆构成的闭合施泰纳链(图7.15 中的 c_1 和 c_2,$k = 6$),那么对于这两个圆,就存在着无穷多条由 k 个圆

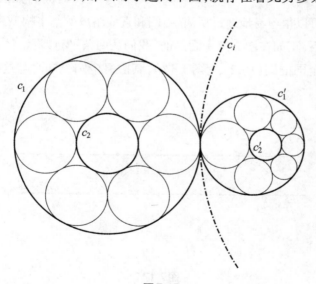

图7.15

构成的闭合施泰纳链。此外,任何同时与这两个给定圆相切的圆都是这样一条链的组成部分。这一事实通常被称为**施泰纳系**(Steiner's porism)。如果仔细观察图7.15,就会发现这一事实必定成立是有道理的。左边的两个同心圆c_1和c_2可以围绕它们的共同圆心自由旋转。如果把左边的整个构型以这样一种方式转过一个适当的角度,就可以获得右边图中c'_1和c'_2的任意特定公切圆。这意味着对于$k=6$以及右边图中的公切圆c'_1和c'_2,可以获得所有可能的施泰纳圆构型。这样的构型肯定会有无数种,因为对左边图形的旋转是没有任何约束的。

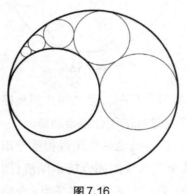

图7.16

帕普斯链(Pappus chain)是以亚历山大的帕普斯命名的。帕普斯是古代最重要的几何学家之一,他写过这样的构型。这是一组圆,其中所有的圆都与两个给定的内切圆相切。同施泰纳链一样,这种链中的每个圆也与该链中的前一个圆和后一个圆相切。图7.16给出了这样的一条帕普斯链。

与构造施泰纳链的方法类似,帕普斯链也可以很容易地通过反演,由圆和直线组成的基本构型来构造。在这种情况下,正如在图7.17中看到的,我们从两条平行线c'_1、c'_2及一排相继相切的全同的圆($1'$、$2'$,等等)开始,其中每个圆也同时与这两条直线相切。

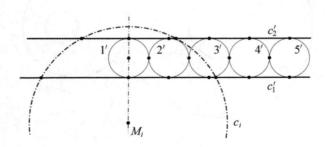

图7.17

连接圆 $1'$ 与 c'_1 和 c'_2 相切的两点，以该直线上一点 M_i 为圆心作一个圆 c_i，然后将图 7.17 的构型通过 c_i 作反演，就产生了要求的构型。这个反演如图 7.18 所示，得到的帕普斯链如图 7.19 所示。

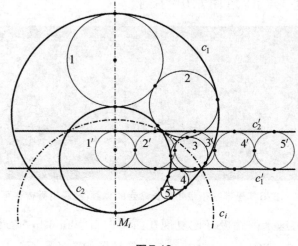

图 7.18

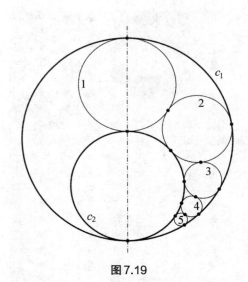

图 7.19

像施泰纳链和帕普斯链这样的构型在许多文化中都得到过独立的研究。比如它们是日本传统的**算额**（Sangaku）中的一个常见主题。算额是处理点、线、圆和椭圆构型的所谓寺庙几何问题。这些构型通常被张贴在神道教寺庙中，作为对路人的挑战。1826年，有一个非常出名的算额问题悬挂在东京的牛岛长命寺（Ushijima Chōmeiji temple）。不幸的是，原物保存得并不好，这一点可以在图7.20中看到。

图7.20　1826年悬挂在东京牛岛长命寺的算额（经深川秀吉许可使用）

1827年，这个问题极好地复现在西田白石（Shiraishi Nigatada）的《三浦沙美》（Shamei Sanpu）一书中，图7.21转载了相关的页面。

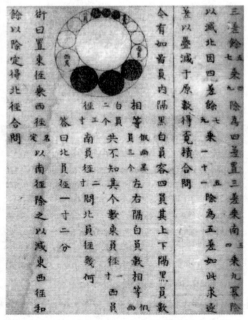

图7.21　西田白石《三浦沙美》（1827）中的一页

在这个问题中,给出了一个由两个非同心圆和一串14个相切的圆所构成的施泰纳链(见图7.22),所述的问题是要证明以下公式成立:

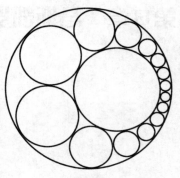

$$\frac{1}{r_1} + \frac{1}{r_8} = \frac{1}{r_4} + \frac{1}{r_{11}},$$

图7.22

其中r_i表示这条链中的圆i的半径。换言之,可以将这个构型中的任何一个圆命名为圆1,将链中与圆1相切的圆命名为圆2,将链中的下一个圆命名为圆3,以此类推,直至圆14。继而将圆1的半径命名为r_1,将圆2的半径命名为r_2,并以此类推,直至将圆14的半径命名为r_{14}。

当时人们认为这个证明是相当困难的。但是有了本章给出的信息,只要应用图7.15所示的这类反演,你就应该能够给出一个证明。

更多有趣的算额问题,可参见深川秀吉和丹·佩多(Dan Pedoe)合著的《日本寺庙几何问题——算额》(*Japanese Temple Geometry Problems—San Gaku*)一书,以及深川秀吉和托尼·罗斯曼(Tony Rothman)合著的《神的数学——日本寺庙几何》(*Sacred Mathematics—Japanese Temple Geometry*)一书。

正如我们在本章中所看到的,在圆和直线彼此相切或相交成直角这两种情况下,反演对于作图和证明都是一种相当有用的方法。值得注意的是,从古希腊时代到日本的江户时期直至现代,几个世纪以来这种方法可以有效地应用于几何学爱好者所感兴趣的那些问题。

第8章 马斯凯罗尼作图：仅用圆规

　　古往今来，事实上从欧几里得开始，几何作图就仅限于使用一把没有刻度的直尺和一副圆规。然而，并不是所有图形都可以用这两样有限的工具构建出来。例如"古代三大作图问题"（三等分任意角、化圆为方、倍立方体），它们在困扰了数学家几十年之后，才分别得到"解答"。对它们的解答是，这三个问题用这两样有限的工具是不可能解决的。换言之，仅使用一把没有刻度的直尺和一副圆规，是不可能将一个任意角三等分（虽然有些角可以被三等分，比如说一个直角）；也不可能作出一个正方形，使其与一个圆的面积相同；也无法作出这样一个立方体，使该立方体的体积等于一个给定立方体体积的两倍。然而令人惊讶的是，用一把没有刻度的直尺和一副圆规能完成的所有作图，都可以仅用一副圆规（而不用直尺）来完成。对这种说法的第一反应是，这肯定是不可能的，因为如果没有任何种类的直边，怎么可能画得出一条直线呢？不过，既然一条直线是由无穷多个点组成的，那么就能够证明，根据需要可以在一条直线上放置任意多个点，或者作出任意多个共线点。因此从理论上讲，这就等价于能够以这种方式作出无穷多个点，也就相当于作出了一条直线。

　　多年来，在几何作图中，圆规一直是比直尺更为有用的工具。这样的想法源自：你永远不能保证创造出一把完美的直尺。怀疑论者认为，无论如何精心制作，直尺都不可避免地会有一些缺陷。因此只能以任何现存直尺所能达到的精确程度来复制出直线。相比之下，只要用一副圆规，就能画出一个规整的圆。因此，仅用圆规进行某些几何作图是很流行的做法。例如，确定一个等边三角形的各顶点，或将一个圆分为6段全等的弧，诸如此类的作图常常仅用圆规来完成。正是因为有此基础，意大利帕维亚大学的数学教授洛伦佐·马斯凯罗尼（Lorenzo Mascheroni, 1750—1800）在1797年出版了广受欢迎的著作《圆规几何学》（*Geometria del Compasso*）。在这本书中，马斯凯罗尼证明了，所有以前要求使用一把没有刻度的直尺和一副圆规来完成的作图，实际上只用圆规就可以完成。这些类型的作图如今被称为**马斯凯罗尼作图**（Mascheroni constructions）。

有意思的是，从1928年开始，数学家觉得把这些结构称为马斯凯罗尼作图有点不合适，因为在那一年，丹麦数学家约翰内斯·耶尔姆斯莱夫（Johannes Hjelmslev, 1873—1950）发现了一本由他的同胞乔治·莫尔（George Mohr, 1640—1697）在1672年写的书。莫尔是个名不见经传的数学家，他的书中包含了与马斯凯罗尼相似的论点。不过，由于马斯凯罗尼确实是独立地得出他的那些结论的，因此他的名字至今仍被用来标识这些圆规作图。

在真正证明圆规可以取代没有刻度的直尺来作出一条直线之前，我们将首先展示一些作图，它们通常会用到没有刻度的直尺，但这里将仅用圆规来完成。

为了使讨论更为简明，我们会使用一种简略的方法来表示圆或弧，其表示方式如下：圆心为 P、半径为 AB 的圆或弧表示为 (P, AB)。而且，我们知道任意两点能确定经过它们的直线，因此就用任意两点来表示一条直线。例如，通过点 A 和点 B 的直线会简称为 AB。

一个关键的作图对于展示马斯凯罗尼作图如何进行是非常必要的。在这里，我们试图在直线 AB 上找到一点 E，使 $AE = 2AB$。

在图8.1中，首先考虑线段 AB，作弧 (B, AB)，再作弧 (A, AB)，与弧 (B, AB) 相交于点 C。然后作弧 (C, AB)，与弧 (B, AB) 相交于点 D。此外，作弧 (D, AB)，与弧 (B, AB) 相交于点 E。现在可以注意到，$AB = BE$ 或 $AE = 2AB$，这就是我们最初想要的作图结果。有人可能会问，怎么确定点 E 在直线

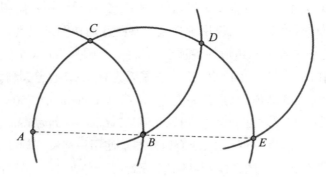

图8.1

AB 上？如果我们看看△ABC、△CBD、△DBE（如图8.2），就应该会意识到它们都是等边三角形。因此，∠ABC、∠CBD、∠EBD这三个角都是60°，而这又表明A、B、E这三点在同一直线上，也就是说这三点共线。

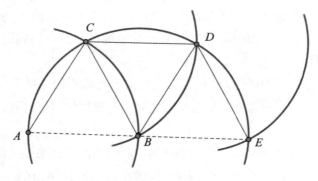

图8.2

利用上述技巧，可以作出一条长度为任意给定线段 n 倍的线段，其中 $n = 1, 2, 3, 4, \cdots$。在图8.3中继续将线段AB加倍，就可以揭示这一点。这将使我们能够作出长度为线段AB的3倍、4倍、5倍……的线段。

如图8.3所示，长度等于线段AB数倍的线段的作法如下。作弧(E, AB)，与弧(D, AB)相交于点F，然后作弧(F, AB)，与弧(E, AB)相交于点G。随后继续这个过程：作弧(G, AB)，与弧(F, AB)相交于点H；再作弧(H, AB)，与弧(G, AB)相交于点I；再作弧(I, AB)，与弧(H, AB)相交于点J；再

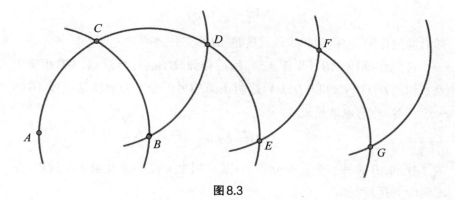

图8.3

作弧(J, AB)，与弧(I, AB)相交于点K……如果你在图8.3的基础上继续作图，就会注意到这个过程可以无限进行下去。另请注意，在创建这个结构的过程中，如何能够在直线AB上放置许多个点也是我们要考虑的问题之一。

　　既然已经证明，可以沿着一条任意给定线段添加无穷多个点来延长这条线段，由此作出一条长度为该给定线段数倍的线段，那么现在让我们来试图找到一条线段，其长度等于一条给定线段长度的一部分，或者说等于一条给定线段长度的$\frac{1}{n}$。

　　首先用上述方法作一条线段AG，它的长度等于AB的三倍（见图8.4）。

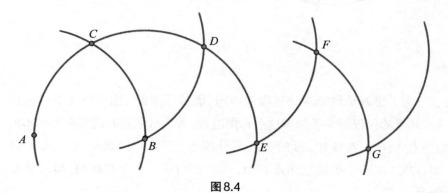

图8.4

　　为了更清楚地说明问题，我们将仅复制图中的线段AG，其中

$$AB = \frac{1}{3}AG,$$

然后通过作图,使得到的线段长度是 AB 的三分之一。

首先作圆 (A, AB)(见图8.5)。然后作弧 (G, GA),与圆 (A, AB) 相交于点 C 和点 D。(C, CA) 和 (D, DA) 这两条弧的另一个交点 P 就是线段 AB 的一个三等分点,也就是说

$$AP = \frac{1}{3}AB。$$

为了找到 AB 的另一个三等分点,只需利用上文提到的复制线段过程,在本例中就是复制 AP。

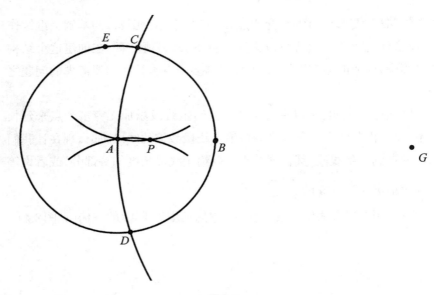

图8.5

为了更好地解释这一过程的原理,请参考图8.6,图中添加了一些直线,其目的仅仅是为了解释这一作图过程。首先证明点 P 确实在直线 ABG 上。点 A、P、G 在线段 CD 的垂直平分线上,因此它们是共线的。$\triangle CGA$ 和 $\triangle PCA$ 这两个等腰三角形相似,因为它们有一个公共底角,即 $\angle CAP$。因此

$$\frac{AP}{AC} = \frac{AC}{AG}。$$

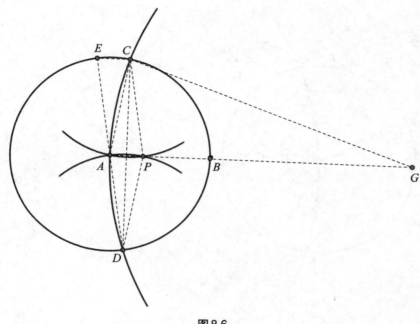

图8.6

由于 $AB = AC$，因此

$$\frac{AP}{AB} = \frac{AB}{AG}。$$

我们还知道

$$\frac{AB}{AG} = \frac{1}{3}，$$

于是得到

$$\frac{AP}{AB} = \frac{1}{3}，$$

或

$$AP = \frac{1}{3}AB。$$

　　还有另一种作图方法可以找到点 P 的位置。我们用第一个马斯凯罗尼作图来找到与点 D 对径的点 E，换言之，DAE 是圆(A, AB)的直径。因为在图 8.6 中，四边形 $ECPA$ 是一个平行四边形，$EC = AP$，因此只要找到弧(A, EC)与弧(C, CA)的交点，就可以找到点 P。图 8.7 中显示了这一作图过程。

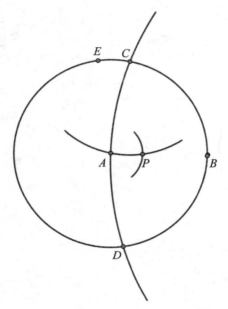

图8.7

在证明马斯凯罗尼作图可以取代传统的尺规作图之前，我们需要再介绍一个马斯凯罗尼作图：作一条垂直于直线 AB 并通过一个外点 P 的直线。

如图 8.8 所示，从 A、B 两点开始，这两点确定了直线 AB。然后作弧(A，AP)和弧(B，BP)，两弧相交于 P、Q 两点。A、B 两点与 P、Q 两点都是等距的，因此它们就确定了线段 PQ 的垂直平分线。

马斯凯罗尼断言，所有用通常的几何作图工具————一把没有刻度的直尺和一副圆规————可以完成的作图，都可以仅使用一副圆规完成，正如在前面几个作图中已经展示的那样。为了证明他的这一断言，我们并不需要证明所有想象得到的作图都可以这样完成，只需要证明以下 5 种基本作图是可能仅用圆规完成的。这是因为只要有这 5 种作图可供支配，就能够完成用通常的工具所能完成的所有几何作图。所有其他的作图都依赖于以下 5 种基本作图，也就是说，任何能用尺规完成的作图，都只不过是有限次重复这些作图的组合：

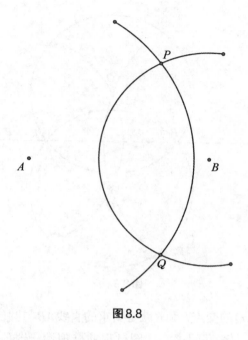

图8.8

1. 作一条经过两个给定点的直线。

2. 作一个给定圆心和半径的圆。

3. 找到两个给定圆的交点。

4. 找到一条直线(由两点给出)与一个给定圆的交点。

5. 找到两条直线的交点(每条直线均由两点给出)。

虽然我们不能完全满足以上清单中的第一个作图,但在前几个作图中已经证明,我们能够在一条由给定两点所确定的直线上放置额外的点。上面列出的第二和第三个作图显然不需要进一步讨论,因为它们就是单独用圆规完成的。要找到一条由两点(比如点 A 和点 B)给出的直线与一个给定圆[比如圆(O,r)]的交点,需要考虑两种情况:一种是圆心不在给定直线上,另一种是圆心确实在给定直线上。

首先考虑圆心不在给定直线上的情况。这里有圆(O,r)和直线 AB,如图8.9所示(图中的虚线只是为了帮助我们"看到"直线 AB,它是由两点给出的,但实际并未画出)。

我们需要找到点 Q,它是弧(B,BO)与弧(A,AO)的交点。然后作圆(Q,r)。

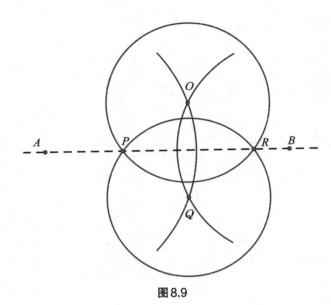

图8.9

圆(Q,r)与圆(O,r)的交点P和R就是要求的直线AB与圆(O,r)的交点。

可以用以下方法证明这一作图过程的合理性。选择点Q，从而使AB为OQ的垂直平分线。作圆(Q,r)，使之与相交圆(O,r)全等，于是公共弦PR也是OQ的垂直平分线。

下面考虑给定圆的圆心位于给定直线上的情况。这里有圆(O,r)和直线AO，如图8.10所示。

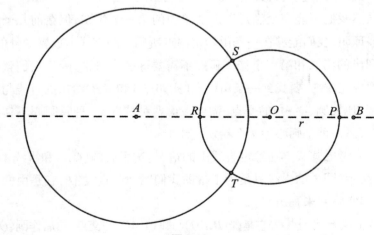

图8.10

在图8.10中,作圆(A,x),其半径长度x足以与圆(O,r)相交于两点S和T。ST的优弧和劣弧的中点分别是点P和点R。因此我们现在的注意力就集中在平分一段给定弧ST。

为了方便我们作图(见图8.11),令$OS=OT=r$,其中O是圆心,ST是这个圆上的一段弧。我们令S与T之间的距离为d,然后作圆(O,d)。随后再作弧(S,SO)和弧(T,TO),这两条弧分别与圆(O,d)相交于点M和点N。接下来,作弧(M,MT)和弧(N,NS),两弧相交于点K。最后,作弧(M,OK)和弧(N,OK),它们的交点C和D就是要求的两条弧ST的中点。

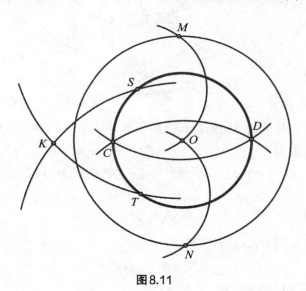

图8.11

为了说明这一作图过程为什么能够达到要求,即找到弧ST的中点,我们会作一些辅助线来帮助解释,如图8.12所示。

首先看四边形$SONT$和四边形$TOMS$。它们都是平行四边形,这是因为它们的两对对边都相等。由此得出结论:M、O、N三点共线。由于$CN=CM$和$KN=KM$,可以得出结论:KC与MN垂直,垂足为O,还可得出:$CO\perp$ ST。因此,CO平分线段ST,也因此平分弧ST。现在只需要证明点C在圆(O,r)上,或者证明$CO=r$。

为了做到这一点,需要利用几何学中的一条定理,即平行四边形各边

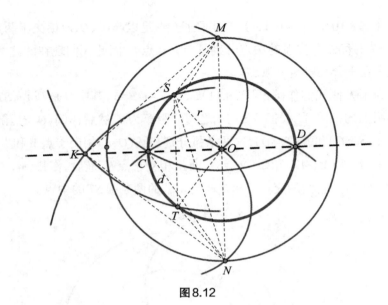

图8.12

长度的平方和等于两条对角线长度的平方和[1]。将此定理应用于平行四边形 $SONT$，就得到：

$$SN^2 + TO^2 = 2SO^2 + 2ST^2 \quad \text{或} \quad SN^2 + r^2 = 2r^2 + 2d^2，$$

由此得到

$$SN^2 = r^2 + 2d^2。 \tag{1}$$

将勾股定理应用于 $\triangle KON$，可得

$$KN^2 = NO^2 + KO^2。$$

又由于 $KN = SN$，因此得到

$$SN^2 = NO^2 + KO^2 = d^2 + KO^2。 \tag{2}$$

联立式（1）和式（2），得到：$r^2 + 2d^2 = d^2 + KO^2$，或 $r^2 + d^2 = KO^2$。

现在通过考虑 Rt$\triangle CON$ 来得到结论。对这个三角形也应用勾股定理，就得到 $CO^2 + NO^2 = CN^2$ 或 $CO^2 = CN^2 - NO^2$。我们知道弧（M, OK）与弧（N, OK）相交于点 C，而 CN 是这两个圆的半径。因此，$CN = OK$。在上式中作适当代换，得到 $CO^2 = KO^2 - d^2 = r^2 + d^2 - d^2 = r^2$。于是就证明了 $CO = r$，而

---

[1] 关于这条定理的证明，请参见 Alfred S. Posamentier and Charles T. Salkind, *Challenging Problems in Geometry* (New York: Dover, 1996), p. 217.——译注

这正是起初要证明的结论。

为了完成对马斯凯罗尼作图的论证，还需要证明前面列出的那张清单上的第五个作图可以仅用圆规来完成。换言之，我们想证明的是，只要用一副圆规，就能找到 AB 和 CD 这两条直线的交点（参见图8.13）。虽然完成这个作图需要作许多弧，但是只要一步一步跟着做，就会有所收获（或许你可以在此过程中自己完成作图）。

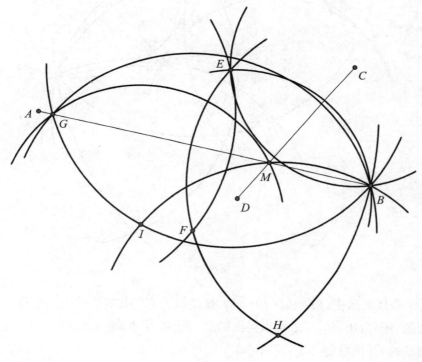

图8.13

下面开始作图，先作弧 (C, CB)，与弧 (D, DB) 相交于点 E。然后作弧 (A, AE)，与弧 (B, BE) 相交于点 F。接下来作弧 (E, EB)，与弧 (F, FB) 相交于点 G。将这个作图过程继续下去，作弧 (B, BE)，与弧 (G, GB) 相交于点 H。最后，作弧 (E, EB)，与弧 (H, HB) 相交于点 I。我们要求的点，即 AB 与 CD 这两条直线的交点 M，它是弧 (H, HB) 和弧 (I, IG) 的交点。

现在的任务是，证明这个作图过程确实达到了意图。你还是需要添一些辅助线, 如图8.14所示。请记住, 我们必须证明点 M 既在直线 AB 上, 又在直线 CD 上。

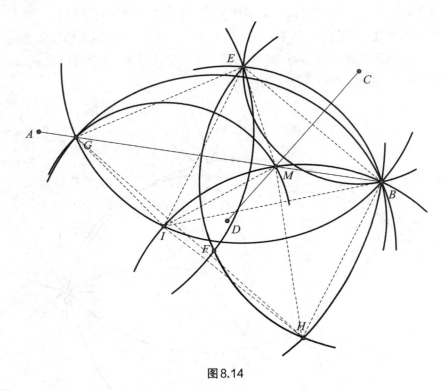

图8.14

在图8.14中, $EI = EB = BH = HI$, 这是因为它们是各个等圆的半径。类似的, 还有 $IM = IG$。于是可以得出结论: $\overset{\frown}{IM}$ 和 $\overset{\frown}{IG}$ 相等。$\angle IBM$ 的大小是它所截的 $\overset{\frown}{IM}$ 度数的一半。同理可知,

$$\angle IBG = \frac{1}{2}\overset{\frown}{IG}。$$

因此我们可以得出 $\angle IBM = \angle IBG$。这使我们可以确定点 M 在直线 BG 上。此外, 我们还知道直线 AB 和 BG 都是 EF 的垂直平分线。这同样可以确定点 M 必定在直线 AB 上。现在需要证明点 M 也在直线 CD 上。我们可以很容易地证明 $\triangle BGH$ 与 $\triangle BHM$ 相似, 由此可得

$$\frac{BG}{BH} = \frac{BH}{BM}。$$

又由于$BH = BE$,因此得到以下比例式:

$$\frac{BG}{BE} = \frac{BE}{BM}。$$

于是可以得出△GEB与△EMB相似,这是因为它们都有一个公共角∠MBE,并且夹这个角的两边成比例。由于可以证明△GEB是一个等腰三角形,于是△EMB也必定是一个等腰三角形。因此$EM = MB$,从而直线CM就是线段EB的垂直平分线。由此得出结论:点M必定在直线CD上。这样就证明了,点M是直线AB和CD的交点。

不用圆规的作图

既然已经完成了关于只用圆规而不用没有刻度的直尺来进行几何作图的讨论,那么接下来常常会引出的问题就是,所有的作图是否都可以只用直尺完成,也就是说可以不用圆规?瑞士数学家施泰纳在1833年出版的《给定一个固定圆及其圆心的直尺几何作图》(*Geometrical Constructions with a Ruler, Given a Fixed Circle and Its Center*)一书中回答了这个问题。这种想法并不是第一次被提出,因为彭赛列在1822年就已经提出过该想法。不过,施泰纳的书首次完整且系统地论述了对这一想法的证明。我们现在可以说,仅用一把直尺不可能完成通常要用尺规完成的所有作图,你还需要用到一个给定的固定圆。再一次,为了确定这一陈述的准确性,我们必须证明上面提到的5种基本作图都可以用这两样工具来完成。很明显,这个清单上的第一项和第五项不需要圆规就可以完成,因为它们只需要用提供的直尺画直线。我们也认识到,用直尺作出一个圆是不可能的,但是可以在给定圆上找到需要的所有点。这就类似于之前要作一条直线,可以根据需要在这条直线上放置任意多的点。剩下的三个作图的证明超出了本书的范围,所以我们建议读者参考一些资料,可以从中找到这些作图能够实现的理由[①]。毕竟本书是关于圆而不是关于直线的!

---

① Jakob Steiner, *Geometrical Constructions with a Ruler, Given a Fixed Circle and Its Center*, Scripta Mathematica Studies 4, trans. M. E. Stark (New York: Yeshiva University, 1950). A. S. Smogorzhevskii, *The Ruler in Geometrical Constructions*, trans. H. Moss (New York: Blaisdell Publishing, 1961).——译注

第9章　艺术作品与建筑中的圆

这是一本关于圆的书，因此我们要考虑的是圆的各种特殊性质，以及在意想不到的地方和不寻常甚至是晦涩不清的情况下出现的圆。圆有这么多有趣的类型和性质，看起来都有点难以应对了。

只要回想一下你第一次手持圆规，成功地画出第一条闭合曲线时的情景，就有可能想起对圆的那种最初的迷恋。归结到基本的美学，圆是美的。它们的闭合形式、恒定曲率和无限对称性具有某种使人愉悦的朴实无华的特性。

从这个角度来看，在各种艺术尝试中发现圆就不足为奇了。从工业制图到高雅艺术，我们几乎可以在任何地方找到圆形，通常只是因为它们看起来不错。不过有些时候，情况也可能会比较复杂。在一些建筑中使用圆的目的不是为了好看，而是为了实用。例如，圆形拱门本质上非常稳定，在某些情况下甚至可以支撑数千年。

但是，当画出最初的几个圆时，我们只是满意于图片本身。对大多数人来说，在掌握了实际绘制闭合曲线的技巧之后，他们用一副圆规画出的第一样东西可能是"花"，如图9.1所示。将圆规两脚张开一定的角度，并画一个圆，然后在这个圆上标一个点，以该点为圆心画第二个圆，再以这些圆的交点为圆心画更多的圆——围绕着原来的圆画出6个圆。

我们能够以这种方式用圆来覆盖一整张纸，它们的圆心会在纸上形成一个三角形网格。不过，暂时先停留在"花"上，这是我们首次尝试的由圆构成的具有美感的物体，一件"艺术作品"。仅画出外圈的那些圆在第一个圆内的部分，花的形状就更容易看清了，就像图9.1右边那样。于是，我们用一种很容易掌握的方法画出了一个非常简单的图形，这种方法很有趣，也很有启发性。

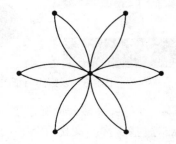

图9.1

此时会立刻想到两件事。一件是由圆构成的几何图形虽然很容易画出，却可以相当令人愉悦；另一件是这样简单的图形，其几何上的简单性会相当令人难忘。

平面设计中的圆

正因为如此，在企业标志设计和其他类型的商业艺术中，圆都是一个十分常见的元素。有些明显由圆组成的符号已经在我们的文化中根深蒂固，以至于不需要任何附加文本就能识别出其象征意义。这类符号中最著名的例子之一就是奥运五环，如图9.2所示。

图9.2　代表奥运会的五环

许多国旗中也包含着圆,例如印度、日本和巴西的国旗,如图9.3所示。在这些国旗上,圆各自代表着一个对这个国家的文化有重要意义的象征符号。对于印度,它是"阿育王法轮"(Ashoka Chakra,印度传统中的一个重要象征);对于日本,它是太阳;对于巴西,它是星空。

图9.3　以圆为特征的印度、日本、巴西的国旗

圆随处可见,许多公司标志中也普遍使用它们。图9.4展示了几个这样的标志。基于你的文化背景和居住地,你肯定会认出其中的大多数或全部,以及与它们联系在一起的公司。这些标志都以圆为主,它们分别属于美国塔吉特百货公司(Target)、加拿大广播公司(CBC)、谷歌浏览器(Google Chrome)、奥迪(Audi)和梅赛德斯-奔驰(Mercedes-Benz)。

图9.4　以圆为主的公司标志

高雅艺术中的圆

一般而言,艺术家,尤其是画家,是无法忽视像圆这样视觉上很有趣的图形的。当抽象艺术在20世纪流行起来时,情况就变得尤其明显。

在此之前,经典艺术作品中出现的圆大多局限于光环,象征一些圣洁

超越直线的数学探索　神奇的圆

的或神圣的形象。在这种背景下使用圆，其原因在于它们的极端对称性和均匀性象征着完美和永恒。圆形的光环常见于佛教、印度教和古希腊宗教等许多宗教的肖像中（现在仍然经常如此）。不过，关注圆形光环在基督教艺术中的历史发展别具趣味。

图 9.5 《非手工制造的救世主》（*Savior Not Made by Hand*）图像，西蒙·乌沙科夫（Simon Ush-akov）解读的传统正统肖像学，Nerukotvorniy Church（1658）.（Wikimedia Commons, user Butko）

在早期的标志性肖像中，这些圆只是简单地画在那些受尊敬的人物头上。图 9.5 是这样一幅图像的示例。

后来，随着透视的概念在艺术描绘中越来越流行，光环开始被描绘成悬浮在受尊敬的人物头上的圆环，它们处在与地面平行的平面上。这意味着圆被描绘成漂浮的椭圆。如图 9.6 所示的这种光环在流行文化中变得如此普遍，以至于它甚至被用于《圣徒》（*The Saint*）的图像中——这是一个流行的犯罪小说、电视和电影系列。

图 9.6 左图：拉斐尔（Raphae）的《金翅雀的圣母》（*Madonna of the Goldfinch*，约 1505—1506）；右图：《圣徒》的标志

在20世纪，西方艺术变得更为散乱，大量艺术家要么走向抽象艺术，要么开始融入现实主义和奇幻风格。在许多方面，关于能够做什么并不存在更多的规则，因此一些艺术家利用这种自由，将纯几何形式以许多不同的方式融入他们的作品中。

几何被纳入艺术的一种有趣的（可能也是最极端的）方式是"欧普艺术"（op art），也被称为"光学艺术"（optical art）。这是20世纪60年代非常流行的一种风格，它用几何图案来产生视错觉，通常会使平面画布产生三维扭曲的表象。圆是这种风格下的一种常见工具，因为它们经常被用来制造运动的错觉或创造球形的印象。

图9.7是维克托·瓦萨雷里（Victor Vasarely, 1906—1997）的三幅欧普艺术作品。瓦萨雷里可以说是欧普艺术风格的最重要代表之一，当然也是最著名的代表之一。

图9.7　维克托·瓦萨雷里的Vega200（左）、Sir-Ris（中）和Noir Mauve（右）
［图片蒙米歇尔·瓦萨雷里（Michele Vasarely）惠允提供］

圆在瓦萨雷里的作品中扮演着如此重要的角色，因此专门展出其作品的那座位于法国普罗旺斯艾克森的瓦萨雷里博物馆以一些巨大的圆作为其建筑夺人眼目的那一部分，如图9.8所示。

毛里茨·科内利斯·埃舍尔（Maurites Cornelis Escher, 1898—1972）是20世纪的另一位著名艺术家，他的作品中包含着强烈的几何元素，而在他的作品中也明显地包含着圆。埃舍尔是许多数学家和数学爱好者最喜

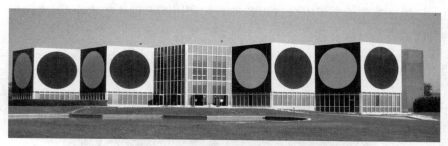

图9.8　位于法国普罗旺斯艾克森的瓦萨雷里博物馆

爱的一位艺术家,这是因为他在自己的作品中加入了众多有趣的数学概念,其中一些非常复杂,而且常常与直觉相悖。其著名作品之一见图9.9。

　　在这幅著名的绘画中,埃舍尔在双曲平面中创造了一幅由抽象的鱼构成的密铺——这是一种数学概念,将平面以某种方式压缩到一个圆内的区域,从而使直线以一种特殊的方式扭曲成曲线(实际上是圆)。双曲平面是一个非常复杂的概念,在这里无法给出详细描述,但是值得注意的是,沿着圆形边缘的那些很小的鱼,对应的是在常规平面上远离观察者的鱼。于是这个圆的边界(在某种程度上)就对应于无穷,而在这个宇宙中,任何处于这个圆之外的东西都不存在。

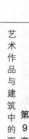

图9.9　M. C. 埃舍尔的木刻版画《圆极限Ⅲ》(*Circle Limit Ⅲ*)
(Wikimedia Commons, © M. C. Escher, user Tomruen)

越来越多的艺术家尝试以各种方式利用圆来创作艺术作品,在这里当然不可能对这些作品给出一张具有代表性的清单。为了对这一主题的范畴有所了解,图9.10展示了对艺术作品中的圆这个主题的一种完全不同的尝试。

图9.10　瓦西里·康定斯基的《色彩研究:正方形与同心圆》(*Color Study: Squares with Concentric Circles*)

图9.10是瓦西里·康定斯基(Wassily Kandinsky, 1866—1944)的一幅将圆作为装饰的画作,这些圆的着色如此粗糙,以至于它们的几何属性已丧失殆尽,只有同心圆彩色圆环的图形效果保留了下来。

最后,在这方面值得一提的另一位在其艺术作品中经常使用圆的画家是罗伊·利希滕斯坦(Roy Lichtenstein, 1923—1997),尽管他是以一种完全不同的方式来使用圆。利希滕斯坦最著名的作品可能是他根据漫画书风格创作的一长串画作,当时漫画书的印刷风格通常是用许多圆点来表示着色表面。利希滕斯坦在他的艺术作品中把这些点放大成明显可见的圆,从而表明他的主题被像素化了,由此可以联想到现代计算机时代中的一些完全不同的东西。当然,他的这些圆本身并没有被当作物体,而只是作为他在作品中描绘的人物和事物表观上的元素。在自然界的艺术中也可以看到圆的这种艺术现象。

景色中的圆

当你坐在飞机上看着下方经过的景色时,有时可以在这些景色中发现圆形的细节。在某些罕见的情况下,这些景色可能是自然产生的,比如俄勒冈州火山口湖的火山池,或者亚利桑那州的流星坑(实际上是陨石坑),如图9.11所示。但这样的圆更有可能是人造的。

图9.11　左图:俄勒冈州火山口湖的火山池(Wikimedia Commons, photo by user Zainubrazvi. Licensed under CC BY 2.5);右图:亚利桑那州的流星坑(Wikimedia Commons, photo by NASA Earth Observatory, user Originalwana)

在某些情况下,这些对象出于纯粹的审美原因而呈现圆形,比如许多人造圆形池塘。图9.12展示了这样一个池塘。

当然,地面上出现圆可能是有一些实用的原因。其中一个原因是,喷水臂可以绕着一个中心水源旋转,以一种称为**中心枢轴灌溉**的方式产生作物圈,如图9.13的左图所示,但请不要与右图这样的麦田怪圈相混淆。

麦田怪圈的时代似乎去了又来,那是人为制造的骗局,目的是要暗示有外星人在偏远的农田里登陆。人们并不清楚为什么宇宙飞船着陆会产生如此复杂的图案,但在20世纪80年代和90年代的一段时间里,很多人相信它们的"真实性"。在许多方面,麦田怪圈更应该被视为艺术作品。

图9.12　(Photo by one2c900d. Licensed under CC BY-ND 2.0)

图9.13　左图：华盛顿哥伦比亚河沿岸的灌溉圈（Wikimedia Commons, photo by Sam Beebe, user Flikr upload bot. Licensed under CC BY 2.0）；右图：英格兰威尔特郡米尔克山（Milk Hill, Wiltshire, England）的麦田怪圈（photo by Handy Marks）

　　回到在地面上出现圆的实用原因，我们还可以想到环形道路，比如说西班牙巴塞罗那和匈牙利布达佩斯的那些环形道路，如图9.14所示。另一个这样的例子是粒子加速器，比如说费米国家加速器实验室的那台。

图9.14　左图：西班牙巴塞罗那的环形道路；右图：匈牙利布达佩斯的环形道路

　　总之，人们出于很多原因而建造圆形物体，只有从空中才能真正欣赏它们的形状。

建筑中的圆

　　另一方面，在建筑设计中使用圆来作为组成元素也有很多原因。除了明显的审美原因外，在建筑中利用圆形还具有合理的结构动因。

　　从历史上看，圆形出现在建筑中的最重要的原因是，用圆拱可以加固门廊、窗户或桥梁。这种建造方法使得这些结构如此稳定，以至于有些建筑在建成数百年甚至上千年后仍然屹立不倒，例如图9.15所示的渡槽。

图9.15 古代渡槽

此类圆拱是通过在(由木材或其他一些容易成型的材料制成的)临时支架周围放置有半圆形斜面的砖块而建成的。在圆拱完成后,支架可以拆除。圆拱不会坍塌,因为每一块砖都沿着拱的曲线向内倾斜,从而使本来可能导致坍塌的各个引力相互抵消。现代建筑中仍然在使用这种方法,如图9.16左边的砖砌拱形外门,右边则是这个概念的另一个有趣、典型的应用。

图9.16 左图:拱形外门;右图:拱形门道

图9.17　圆形窗饰

　　许多古老的教堂和主教座堂都采用了如图9.17所示的圆形窗饰。

　　这还是出于结构上的原因。在几个世纪前,用能够找到的材料不可能构建大型窗户。为了在巨大的建筑物中获得合理的光线,这种砖砌的圆形样式是一个很好的选择。这种结构受力均匀,从而使墙壁相当稳固,且能够在砖墙上留下一些洞,可以在这些洞里放置透明或彩色的窗玻璃,让光线透进来。

　　由于技术的发展,在现代建筑中,结构上的考虑不再像以前那样受到局限,而圆则通常被作为设计元素来使用。举两个有趣的例子:圣地亚哥会议中心,其细节之一如图9.18所示;中国广州的壮观圆柱形建筑,如图9.19所示。

图9.18　圣地亚哥会议中心(Photo by Kai Schreiber. Licensed under CC BY 2.0)

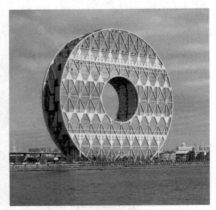

图9.19　中国广州的建筑物

　　随着现代材料和建筑技术的发展,如今唯一的限制似乎仅仅在于建筑师的想象力。可以肯定的是,未来人们还会继续建造出更多有趣的圆形建筑。

第10章 滚动的圆:内摆线与外摆线
(克里斯蒂安·施普赖策)

在所有的二维闭合曲线中,圆在许多方面具有特殊性。例如,将一个圆绕其中心旋转任意角度后,它看起来会与原来完全相同。数学家称之为**旋转对称**(rotational symmetry)。如果一个数学对象在某一操作下不发生变化,就称其具有对称性。当旋转一个圆时,它始终保持不变,这对于圆的最普遍的应用——(圆形)轮子——是必不可少的。虽然圆并不是唯一可以滚动的形状,但是圆形的轮子比任何其他形状的轮子滚动效率都要高得多。不过,滚动的圆除了它们作为轮子的物理表现以外,还表现出一些不那么明显却很有趣的几何特征,本章将介绍这些特征。

沿着滚动的圆上各点的轨迹,可以得到令人着迷的、意想不到的各种曲线。其中有些曲线有着独特而迷人的历史,有些可以在中世纪的教堂里找到,还有些可以在你的咖啡杯里找到。尽管外观各不相同,但它们都有着一个共同的始祖——圆。

在深入研究这一系列有着美名和恶名的曲线之前,我们首先留意一下轮子的发明,然后是亚里士多德的轮子悖论,后者为后面几节提供了有益的思路。

轮子的发明

圆及其作为轮子的物理表现,是古代人类技术进步中不可或缺的组成部分。装有轮子的车辆能够比拖曳的方式更有效地移动重物。不过,轮子的发明不仅仅在运输方面有着重要的应用。将一个轮子用轴承连接在一根轴上,还可以用来改变力的大小和方向。事实上,古希腊数学家、工程师亚历山大的希罗(Hero of Alexandria,公元10—70)把"轮轴"视为一种简单的机械,认为它是构成所有复杂机器的构件。轮轴本质上就是将一个轮子以某种方式连接在一根轴上,从而使这两个部件一起旋转。对其中一个部件施加一个力,就会使另一个部件转动起来。这一原理可用于将自然能源转化为转动轮子的动能,而后者是可以直接利用的。轮轴原理的典型应用是风车和水磨坊,它们相当于古代的"发电站"。圆是轮子的基础,因此对许多现代机械来说,它也是必不可少的。

考古研究表明,轮子的发明在人类历史上相对较晚,事实上是在农业发明的几千年之后。此外,轮子最初似乎是陶工使用的,直到几百年后才被用于搬运重物。不过,陶工的轮子对古代社会也有着同样的重要性。陶器制造是当时的一项主要工业,陶壶是古代版的标准容器,广泛用于运输和储存各种产品。随着轮子的发明,再加上其他技术的进步,人类进入了青铜时代的早期(前3300—前2200年)。目前最古老的、年代可考的真实轮轴组合是2002年在斯洛文尼亚(中欧)发现的,可以追溯到公元前3200年左右。不过,在美索不达米亚和北高加索地区的考古发掘也发现了来自大约同一时期的轮式车辆的证据。所以现在还不知道是哪种文明最早使用轮子来进行运输。有趣的是,虽然玛雅人用轮子来制作日历和玩具,却没有任何迹象表明他们也用轮子来制造马车。一个合理的解释可能是缺乏适当的役畜(牵引重物的动物)。在哥伦布之前的年代,陶工的轮子也没有在美洲大陆得到使用。为了制作出圆形的器皿,玛雅人把黏土做成卷起来的长条,然后把它们光滑地拼接在一起。

为什么轮子在人类历史上出现得相当晚?要为马车制造轮子,需要的不仅仅是一个滚动的圆柱体。这个圆柱体必须通过一根轴与稳定的车体连接。这是一项真正的技术挑战。车轴的两端必须与车轮中心的孔完全吻合,但仍然能让它们自由旋转。因此,车轴和孔都必须是完美的圆形,并且它们的表面必须尽可能光滑。另一种选择是,车轴可以固定在车轮上,但通过一个安装在车身上的轴承转动。不过,这只是把接合点放到另一个地方,对工艺和精度的要求不会有任何降低。要满足所有这些要求并非易事。一旦认识到构造出一套可运作的轮轴组合有多么困难,你就会明白,轮子没有更早地被发明出来,一开始也没有被用于运输,就并不那么令人惊奇。

亚里士多德的轮子悖论

古希腊教科书《论力学》(*Mechanica*,希腊语为*Μηχανικά*)中提到亚里士多德的轮子悖论。作者究竟是亚里士多德本人还是他的一个追随者,这实际上是有争议的。不管是否合理,在古代困扰数学家的这个著名的轮子悖论传统上一直与亚里士多德联系在一起,所以如今仍以他的名字命名。这个悖论的内容是什么?考虑将一个小轮子附在一个大轮子上,使两个轮子的边缘构成同心圆。这两个轮子是固定在一起的,因此如果大轮子转动,那么小轮子也会随之转动。

想象我们让大轮子在一根细杆上滚动,转过一整圈。于是大轮子的移动距离就等于它的周长,而大轮子的底部将描出如图10.1所示的虚线段 AB 。

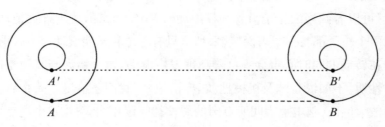

图 10.1

在这件事发生的时候,小轮子也必定转过完整的一圈,并且移动了相同的距离,因为它是固定在大轮子上的。这样,小轮子的底部就会描出虚线段 $A'B'$,虚线段 $A'B'$ 的长度必定等于线段 AB 的长度。但这怎么可能发生呢?我们知道小轮子的周长小于大轮子的周长,因此它们怎么可能都滚动一圈而前进相同的距离呢?好吧,确实不可能。我们认为这两个圆滚动相同距离的结论必定是错误的。但在揭露错误之前,我们先提供一个有趣的数学论证,它显然支持这个结论。大圆上的点和小圆上的点是一一对应的。任何从它们的圆心发出的射线都会与两个圆都相交,从而在两个圆上的各点之间建立了明确的一一对应的关系——对于大圆上的每一点 P,在小圆上恰好也存在一点 P'(见图 10.2)。

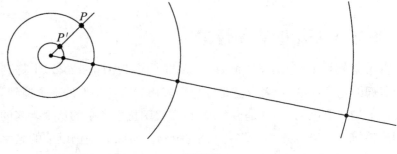

图 10.2

由此可以得出结论:这两个圆是由相同数量的点组成的,因此它们的周长相同。当然这不是真的——我们可以用一根弦来证明它们的圆周是不同的。

究竟是哪里出了错?第一个错误在于物理上的假设,即这两个圆滚动了相同的距离。如果我们来做一个实验,在两个轮子下分别放置一根细杆,就可以看到当大轮子沿着细杆滚动时,小轮子是沿着细杆被拖动的。如果两个轮子都与一个表面接触,那么只有一个轮子能滚动而不打滑,另一个在转动的同时必定会不可避免地发生滑动。这个错误与其说是涉及数学性质,不如说是涉及机械性质。但请记住,我们还给出了一个看似深奥的数学论证,基本上表明所有圆的周长都应该相同。解构这个论点更有启发性,因为它揭示了实数的一条奇怪性质,即一个圆上的每个点都可以用一个实数来标识,从而确定该点在圆周上的确切位置。这条性质困扰了数学家很长时间。那么,我们的推理有什么缺陷呢?两条曲线的所有点之间的一一对应并不意味着这两条曲线具有相同的长度。事实上,总是可以在任意两条曲线的点之间建立一一对应的关系。这两条曲线有多长无关紧要,其中一条甚至可以是无限长,另一条可以是你能想象的最短,而它们包含的点的"数量"总是可以相同。德国数学家康托尔(Georg Cantor,

1845—1918)证明了这一惊人的事实,他把这个"数量"称为**连续统**(con-tinuum)。连续统是一个超限数,即它大于所有的有限数。**超限**(transfinite)一词也是康托尔首创的。我们可以证明所有自然数构成的集合中的元素数量等于偶数集合中的元素数量,因为我们可以证明每个自然数都在偶数集合中有一个对应的元素,此时"无限"这个概念也变得与直觉相悖。这是"令人不安的",因为在偶数集合中没有奇数。

几何学的海伦:摆线

考虑一下亚里士多德轮子悖论中的组合轮装置,当大轮子滚动时,请注视大轮子边缘上的一个固定点的移动。这个点会在空间中描出一条曲线——设法弄清楚它看起来是怎样的!想象一辆自行车,在它的车轮非常靠近轮胎的辐条上安装一块反射镜。自行车从左向右经过你,手电筒从侧面照到反射镜上,你看着反射出来的光。信不信由你,辐条上的反射镜会描绘出如图10.3所示的曲线。如果这个点位于轮子的边缘,那么该曲线称为**摆线**(cycloid),这个词源自希腊语 κύκλος,意思是"圆"。摆线的定义是,当一个圆沿着一条直线发生无滑滚动时,由圆周上一点所描绘出的曲线。如果该点位于表示滚动轮的那个圆的内部,则该曲线称为**短幅摆线**(curtate cycloid)。

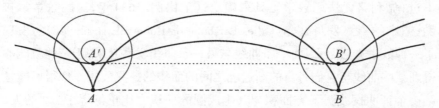

图10.3 连接 A 和 B 的实曲线为摆线,连接 A' 和 B' 的实曲线为短幅摆线

如果该点在滚动圆的外面,则该曲线称为**长幅摆线**(prolate cycloid)。图10.4展示了由固定在滚动轮的一根辐条上的各点所描绘出的曲线。所有这些曲线的总称叫**摆线类**(trochoids),源自希腊语中表示"轮子"的单词 τροχός。

摆线是一条非常著名的曲线,从伽利略·伽利莱(Galileo Galilei,

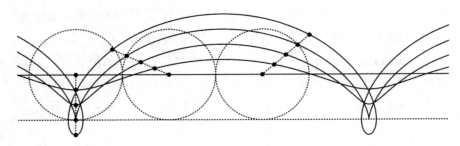

图10.4 当一个圆沿着一条直线滚动时,由该圆上的各固定点描绘出的各条曲线

1564—1642)到艾萨克·牛顿(Isaac Newton, 1642—1726),一些最伟大的数学家都研究过它。它甚至被称为"几何学的海伦"。这里有什么典故呢?原来,在古希腊神话中,海伦是宙斯(Zeus)和勒达(Leda)美丽的女儿,帕里斯(Paris)从她的丈夫墨涅拉俄斯(Menelaus)那里绑架了她,这引发了特洛伊战争。在几何学中,摆线被认为是最美丽的曲线之一,因为它具有许多美学上令人愉悦的数学特性。我们稍后将介绍其中的一些。此外,它还在17世纪最杰出的数学家中引发了无数争论。

关于摆线的一个值得注意的事实是,一段完整的摆线弧下方的面积恰好等于那个滚动圆面积的3倍(见图10.5)。伽利略以经验主义的方法发现,这两个面积之比约等于3∶1,但他认为这个比值会是一个无理数。不过,伽利略无法用数学工具来确定这个比例。1634年,法国数学家吉勒·佩索纳·德·罗贝瓦尔(Gilles Personne de Roberval, 1602—1675)发现了一种数学方法,可以将一条曲线与另一条曲线联系起来,于是他就能够得到某些曲线与它们各自的渐近线之间的面积的一些公式[①]。他很可能是第一个证明摆线弧下方面积与其生成圆的面积之比正好等于3∶1的人。然而,直到1693年他的著作才得以出版。

在罗贝瓦尔发现后不久,另一位法国著名数学家马林·梅森(Marin Mersenne, 1588—1648)就把他的这些新方法以通信的方式告诉了伽利

---

* 渐近线可以定义为"无限接近一条给定曲线的直线或曲线"。Wolfram MathWorld, "Asymptote," http://mathworld.wolfram.com/Asymptote.html (accessed January 27, 2016). ——原注

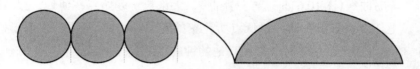

图 10.5　摆线下方的面积恰好是生成这一摆线的圆的面积的 3 倍

略。伽利略又把它们传给了他的学生埃万杰利斯塔·托里拆利（Evangelis-ta Torricelli，1608—1647），托里拆利因此得以计算出这个面积，从而证明了伽利略的粗略估计其实已经是精确解。托里拆利于 1644 年发表了他的这些研究成果，这很可能是论述摆线的第一部著作。罗贝瓦尔知道此事后，指责托里拆利剽窃。1647 年，托里拆利英年早逝，从而使这一争议未能得到解决。托里拆利去世大约 10 年后，摆线在一次治疗牙病的过程中发挥了核心作用，从而使一位神学家重新成为一位数学家。

　　法国著名数学家、哲学家布莱斯·帕斯卡（Blaise Pascal，1623—1662）是他那个时代最有天赋、最具创造力的数学家之一。他在 16 岁时写了一篇关于射影几何的重要论文，引起了著名数学家勒内·笛卡儿（René Des-cartes，1596—1650）和马林·梅森的注意。多年后，帕斯卡与皮埃尔·德·费马（Pierre de Fermat，1601—1665）之间的通信开创了一个全新的研究领域，这一领域如今被称为概率论。帕斯卡的工作极大地影响了现代经济学和社会科学的发展。1654 年，在体验了一次强烈的宗教幻象之后，帕斯卡放弃了数学而转向神学，并希望将余生奉献给上帝。尽管帕斯卡有宗教信仰，但他在 1658 年因为剧烈牙痛卧床时，却拼命想通过思考一些关于摆线的未解数学问题来缓解疼痛。他成功了！几天后，他解决了其中几个问题，牙痛也无影无踪。帕斯卡将这段插曲看作他应该继续进行数学研究的天象。最终他发表了关于摆线的研究成果，此外还发表了一篇题为《摆线的历史》（*History of the Cycloid*）的论文。

　　在帕斯卡的研究工作启发下，荷兰数学家克里斯蒂安·惠更斯（Chris-tiaan Huygens，1629—1695）意识到倒摆线正是**等时曲线问题**（tautochrone problem，源自希腊语 ταὐτό 和 χρόνος，即 tauto 和 chronos，前者表示"相同的"，后者表示"时间"）的解决方案。

等时曲线（图10.6）是这样一条曲线：无论粒子起始点在何处，它从该曲线上任意一点滑到曲线最低点所花费的时间都相同。惠更斯发明了摆钟，他想利用摆线的等时性来提高他的钟的精度。

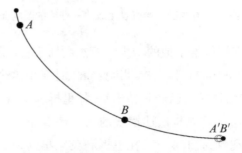

图10.6　摆线的等时特性：无论两个粒子的初始位置在 A 还是在 B，它们都会在同一时间到达底部。圆 A′ 和 B′ 代表这两个粒子在到达曲线底部前不久的位置

摆线继续吸引着全世界最优秀的数学家的注意，被揭示出更多令人惊讶的性质。1696 年，瑞士数学家约翰·伯努利（John Bernoulli，1667—1748）解决了一个问题，并将它作为向欧洲其他数学家提出的挑战。这个问题现在被称为**最速降线问题**（brachistochrone problem，源自希腊语 βράχιστος 和 χρόνος，即 brachistos 和 chronos，前者表示"最短"，后者表示"时间"）：在一竖直平面中给定 A、B 两点，A 不低于 B，从 A 下降到 B 的最快路径是什么？想象一个理想化的点状物体，在其自身重量的作用下（并且没有摩擦力），由静止开始从点 A 沿着某条曲线下滑到点 B（见图10.7）。哪条连接点 A 和点 B 的曲线会使这个物体在最短时间内到达终点 B？

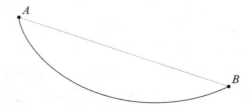

图10.7　摆线的最速降线特性：摆线是物体在自身重量作用下从点 A 滑到点 B 的最快轨迹

共有5位数学家给出了解答：牛顿、戈特弗里德·威廉·莱布尼茨（Gottfried Wilhelm Leibniz, 1646—1716）、纪尧姆·德·洛必达（Guillaume de l'Hôpital, 1661—1704）、约翰·伯努利的哥哥雅各布·伯努利（Jakob Bernoulli, 1654—1705）和埃伦费里德·瓦尔特·冯·奇恩豪斯（Ehrenfried Walther von Tschirnhaus, 1651—1708）。最速降线问题的解答与惠更斯的等时曲线是同一条曲线，即倒摆线。由于倒摆线是一个竖直平面中两点之间的最快连接线，因此也可以被认为是滑梯的完美形状。雅各布·伯努利受到最速降线问题的鼓舞，并努力想要超越自己的弟弟，于是他为这个问题创造了一个更难的版本，并开发出一些新的数学方法来解决它。这些方法后来得到瑞士数学家欧拉的改进，并由此诞生了数学中的一个重要分支——变分学。

我们很想知道，摆线的历史是如何与数学史联系在一起的，以及对于这条由一个滚动的圆所勾画出的曲线，有多少伟大的数学家研究并发表过相关的性质。

以一种奇特的方式画花：外摆线

摆线是由沿着一条直线滚动的圆边缘上的一点画出的。现在假设这个圆不是在一条直线上滚动，而是在另一个圆上滚动。

硬币悖论

想象一枚硬币正沿着另一枚硬币的边缘滚动。从两枚大小相等的硬币开始，例如两枚1角硬币。将其中一枚硬币压在桌上固定，将另一枚硬币绕着这枚静止的硬币旋转。假设这两枚硬币最初的位置如图10.8所示，让两枚硬币中的左边那枚沿着静止硬币顺时针滚动，直到它正好到达相对的那一面，也就是静止硬币的右侧。此时经过滚动的那枚硬币表面的火炬还会向上直立吗？

你可能会认为，火炬现在必定是颠倒的，因为它只完整地转过了半圈。然而这个答案是错误的。情况会像我们在图10.8中看到的一样，两枚1角硬币上的火炬都是垂直向上。拿两枚1角硬币试一试，从而使你自己

图 10.8　两枚 1 角硬币，一枚静止不动，另一枚绕着静止的那枚转动

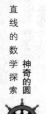
信服这一现象!顺便说一句,这个小小的智力游戏可以让你在酒吧里好好打个赌。你可能想知道,我们如何才能解释这个结果?显然,这枚滚动的硬币在绕着另一枚硬币转过半圈的同时,一定绕着它自己的中心转过了完整的一圈,而不是像你可能认为的那样只转过了半圈。为了帮助理解这一点,我们可以将那枚转动硬币的运动分解为两部分。首先,假设该硬币是在一条直线上滚动,而不是在另一枚硬币的边缘上滚动。那么,在它滚动的距离等于其周长的一半时(就像我们的实验中那样),硬币实际上只转过了半圈,火炬就会是颠倒的(参见图 10.9)。

图 10.9　一枚 1 角硬币在一条直线上转过它周长的一半

　　我们如何天衣无缝地将这种情况转变成涉及两枚硬币的情况?好吧,我们只需要利用图 10.9 中的这张图片,将其中的虚线弯曲成像那枚静止硬币的边缘所定义的圆的形状。但在这样做的过程中,那枚滚动的硬币将再次上下颠倒,于是火炬就会再次向上直立。因此,这枚滚动的硬币确实是转过了完整的一圈。不过,这一效果中有一半源自这枚硬币滚动的轨迹是圆形。

　　当一个圆绕着另一个圆发生无滑滚动时,滚动圆上一点所描出的曲线被称为**外摆线**（epicycloid），前缀 epi（希腊语 $\varepsilon\pi\iota$）的意思是"在……之上"。如果这两个圆的直径相同，就像我们用两枚 1 角硬币所做的实验那样，那么我们就会得到一个外摆线的特例，叫作**心脏线**（cardioid）。它的名字来源于希腊语中意为"心脏"的单词，指的是它外观略接近心形（参见图 10.10）。如果滚动圆的直径只有静止圆的直径的一半，那么这条曲线就叫作**肾脏线**（nephroid），基本上就是"肾脏形"的意思。

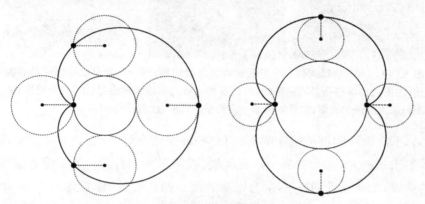

图 10.10　当一个圆绕着另一个等直径的圆滚动时，该滚动圆上一点描绘出的轨迹形成一条心脏线（左图）；如果滚动圆的直径只有静止圆的直径的一半，那么生成的曲线称为肾脏线（右图）

带有焦散线的咖啡

　　如果光线被一个曲面或物体反射，那么反射光线有时会集中在一些曲线上，这些曲线被称为**焦散线**（caustics）①。焦散线可以被看作是加强的光所构成的曲线，它们通常有一些尖端。也许你已经注意到，从咖啡杯内部反射出来的光有时会聚集在一条中间有一个尖端的心形曲线上。光线从物体表面反射出去的角度与其入射角度相同。如果光源离杯子不太近的话，那么就可以认为照射到杯子内部的光线是大致相互平行的。如果杯

---

① 维基百科上的定义是："在几何学中，平面上的一族曲线的包络线是在某一点与该族每个成员都相切的曲线。" Wikipedia, s.v. "Envelope (Mathematics)," https://en.wikipedia.org/wiki/Envelope_(mathematics) (accessed January 27, 2016).　　——原注

子的形状接近一个截锥体(即一个截掉顶部的锥体,其下底直径小于上底直径),并且光的入射角等于这个锥体的顶角(平行),那么反射光线的包络线(或集合)就会构成一条心脏线(见图10.11)。

图10.11　当光线照射到一个接近截锥体形状的咖啡杯时,就可以看到一条心脏线(左图);如果杯子是圆柱形的,那么反射光线的包络线就会是(半条)肾脏线(中图);如果用两个光源,就可以得到一条完整的肾脏线(右图)

　　下次你在喝茶或喝咖啡时,可以把杯子放在灯下,看看从杯子里面反射出来的光。你会看到一条心脏线,或者至少会看到一条很像心脏线的曲线。如果这个杯子不是圆锥形的而是圆柱形的,你看到的会是(半条)肾脏线。

　　沿着一枚1美元银币的边缘滚动一枚1美分硬币,那么这枚1美分硬币边缘上的一点也会描绘出一条肾脏线。这是因为1美元银币的直径恰好等于1美分硬币直径的两倍(分别为38.1毫米和19.05毫米)。当然,还有许多其他硬币可供考虑。如果让一枚硬币绕着另一枚硬币作无滑滚动,那么结果产生的外摆线形状将(仅)取决于这两枚硬币的半径之比,以及静止的硬币是大的那枚还是小的那枚。

　　在图10.12中,你能看到两个圆的半径之比为前8个相继整数比时所产生的外摆线。在这些情况中,静止圆均为较大圆。另一方面,如果滚动圆比静止圆大,那么生成的外摆线看起来就很不一样。图10.13中显示了前8个相继整数比的情况。图10.12中的第一个图形对应于图10.13中的最后一个图形,即两个圆半径相等的情况。只要两个圆半径之比为一个有理数,那么产生的外摆线就会是一条闭合曲线。这就意味着在滚动圆转动有限次后,描绘出这条曲线的那个点就会回到它的初始位置。使曲线闭合所需的滚动次数越多,所得曲线的尖端就会越多。更精确地说,如果 p 和 q

图10.12　两个圆的半径之比为整数比时产生的外摆线,其中静止圆为较大圆

是两个正整数,并且 $\dfrac{p}{q} \geqslant 1$ 是表示为最简形式的半径之比(p 和 q 的最大公因数是1),那么外摆线的尖端数量为 p。例如,如果我们让一枚5美分硬币(直径21.21毫米)绕着一枚25美分硬币(直径24.26毫米)滚动,那么由此产生的外摆线就会有2426个尖端,因为它们的半径之比是2426/2121,并且这个分数不能进一步约分了。

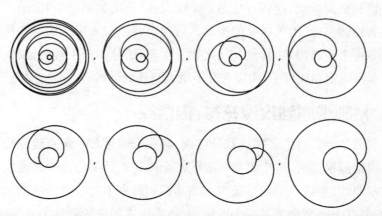

图10.13　两个圆的半径之比为整数比时产生的外摆线,其中静止圆为较小圆

图10.14 为三种不同 $\dfrac{R}{r}$ 比例所产生的外摆线,其中 R 为静止圆的半径,r 为滚动圆的半径。

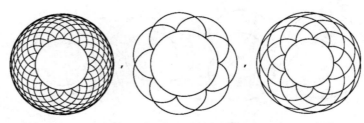

图10.14 $\frac{R}{r}$ 分别为21:10、7:2、9:5时产生的外摆线

如果半径之比是无理数,比如说是π或欧拉数e[①],那么产生的外摆线就永远不会闭合。当滚动圆绕着另一个圆滚动时,产生的曲线会逐渐填充半径为R的圆和半径为R + 2r的圆之间的空间。事实上,这条外摆线会无限靠近这个圆环中的所有点,从而形成它的一个所谓的稠密子集。

外摆线的一个实际应用是太阳行星齿轮装置,用来把横梁的竖直运动转换为齿轮的圆周运动。这种机械被用于英国工程师詹姆斯·瓦特(James Watt, 1736—1819)设计的蒸汽机。图10.15显示了蒸汽机老贝斯(Old Bess)的历史插图,这是第一台提供旋转而不是泵送运动的蒸汽机。

太阳行星齿轮将一根由蒸汽机驱动的横梁的直线型运动转换为一颗"行星"的圆周运动,这颗行星是一个固定在(连接到横梁的)发动机连杆末端的旋转齿轮。由于横梁的运动,"行星"会绕着"太阳"(固定在传动轴上的另一个旋转齿轮)转动并使之也发生转动,从而产生旋转运动。因为行星本身固定在连杆上,所以它并不绕着自己的轴旋转。

从呼啦圈到玫瑰花窗:内摆线

前两节专门讨论了摆线和外摆线,当一个圆沿着一条直线或绕着另一个固定圆滚动时,这个滚动圆上的一个固定点所描绘出的轨迹就会产生这些曲线。**摆线**这个词总是指由滚动圆的圆周上的一点所描绘出的曲线。如果这个圆是绕着另一个圆滚动,那么生成的曲线就称为**外摆线**。但是还存在着另一种我们到目前为止没有讨论过的可能性——较小圆也可

———————

① e是自然对数函数的底数,其定义之一是 $e = \lim_{x \to +\infty}\left(1 + \frac{1}{x}\right)^x$,其数值约为2.718 28…。

——译注

图10.15 最早的蒸汽机之一：老贝斯上的太阳行星齿轮。（图片来源：The Conquest of Nature by Henry Smith Williams and Edward Huntington Williams [New York: Goodhue, 1911], p. 138）

以在较大圆的内部滚动。由滚动圆上一点所描绘出的相应曲线被称为**内摆线**（hypocycloid），前缀hypo（希腊语ὑπο）表示"在……之下"。在哥特式建筑的玫瑰花窗中，以及在美国钢铁协会的钢标中，都可以看到内摆线。而匹兹堡钢人队的标志就是以美国钢铁协会的钢标为基础的。一种构造内摆线的方法是，让一个小呼啦圈在一个大呼啦圈内部滚动。

沙子里的圆

现代呼啦圈是在19世纪50年代开始流行起来的，当时一家玩具公司发明了一种塑料呼啦圈，并成功地在市场上推广。不过，在整个人类历史上，用干燥的柳枝或硬草制成的传统圆圈是一直存在的。几千年来，世界各地的孩子们都玩过这些圆圈，大人们也用它们来锻炼身体、表演艺术、举行仪式，甚至讲故事。美国印第安人的圈舞（Hoop Dance）是一种获得官方认可的文化遗产，并且至今仍然有一群活跃的舞者会参加一年一度的竞赛。其中最重要的一项竞赛每年在亚利桑那州菲尼克斯的赫德博物馆举行。

呼啦圈有许多不同的尺寸可供选择。想象一个儿童呼啦圈在一个成人呼啦圈的内部滚动。我们当然可以选择各种不同的尺寸,现在假设这两个呼啦圈的直径之比是3:2。倘若我们将一个标准的成人呼啦圈和一个典型的儿童呼啦圈做比较,就会发现这是一个合理的比例。如果你在较小的呼啦圈上标记一个点,然后让它在较大的呼啦圈内滚动,那么这个点所描绘出的曲线会是什么样的?如果你有一个大呼啦圈和一个小呼啦圈,并且碰巧住在海滩附近,那么你就可以做下面这个实验了。把大呼啦圈放在沙滩上,把圈内的沙子弄平。为了在小呼啦圈上标出一个点,你可以用胶带把一片尖刺状的塑料或金属固定在小呼啦圈上的某处。现在你已经准备好构造出一条真正的内摆线了。小心地沿着大圈的圆周在其内部滚动小圈,并避免它在大圈内打滑。如果能做得足够精确,并且假设你的两个呼啦圈的半径之比恰好是3:2,那么安装在小呼啦圈上的那个尖刺的轨迹将类似于图10.16左侧所示的实曲线。当两个呼啦圈的半径之比为3:1时,你会得到类似于图10.16右侧所示的实曲线。这两种情况下得到的曲线是相同的,称为**三尖瓣线**(deltoid)。

正如外摆线一样,内摆线的尖端数目也等于分数 $\dfrac{p}{q}>1$ 的分子 p,这个分数是表示为最简形式的半径之比(p 和 q 的最大公因数是1)。一条有

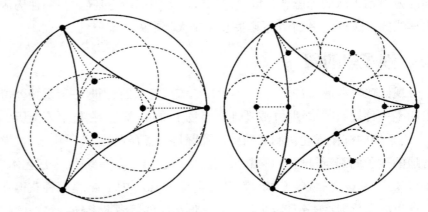

图10.16 当圆的半径之比分别为3:2和3:1时产生的内摆线

三个尖端的内摆线就是**三尖瓣线**。图 10.17 显示了两个圆半径之比为前 8 个相继整数比时所给出的内摆线，其中第一个比是 2:1。请注意，与外摆线不同的是，如果两个圆的半径相同，那么内圆就不能在外圆的内部滚动，所以也就不存在半径比为 1:1 的内摆线。半径比为 2:1 的情况相当惊人，因为我们得到了一条直线段。你很可能没有预料到这个结果，这看起来相当有悖直觉。

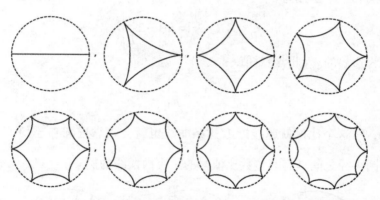

图 10.17　两个圆的半径之比为 2:1 到 9:1 的整数比的内摆线

　　如果滚动圆的半径恰好是静止圆的半径的一半，我们就会遇到一种非常特殊的情况。下面我们来分析这一情况：首先，对于这 8 个相继的整数比 $k:1$，很容易看出内摆线的尖端数必定等于 k，这是因为内圆必须在大圆的圆周上转过 k 圈才能回到它的初始位置。因此，滚动圆边缘上的任何一个不动点都必定与外圆恰好接触 k 次。此外，一条有 k 个尖端的内摆线在旋转一个 $\dfrac{360°}{k}$ 的角度下具有对称性。因此，如果半径之比是 2:1，那么这条曲线必定与外圆相交两次，并且如果将它旋转 180°，那么它的图片看起来必定是一样的。这意味着我们必定得到了一条直线段。你可以好好想想这件事。事实上，我们可以通过滚动圆边缘上的任意一点画出大圆的一条直径，而这条直径正是内圆滚动时由该点所描绘出来的。

　　有 4 个尖端的内摆线称为**星形线**（astroid，请回忆一下，有三个尖端的内摆线称为**三尖瓣线**）。如果你是一名橄榄球爱好者，那么看一下图 10.17 中的这条相应曲线可能会让你想起匹兹堡钢人队的标志。你也许会惊奇于匹兹堡钢人队的标志就是由三条星形线构成的。

如果两个圆的半径之比是一个任意最简分数 $\frac{p}{q} > 1$（p 和 q 都是正整数），那么让小圆在大圆内滚动所生成的内摆线就会有 p 个尖端，而 $\frac{p}{q}$ 的确切值确定了这条曲线到静止圆圆心的距离。一条内摆线是由半径为 R 的外圆和一个半径为

$$|R - 2r| = R\left|1 - 2\frac{q}{p}\right|$$

的圆为边界的。因此，绝对值

$$\left|1 - 2\frac{q}{p}\right|$$

越小，$\frac{p}{q}$ 这个比例就越接近2，这条曲线也就会越靠近圆心。图 10.18 给出了圆半径之间具有非整数比值时的三个内摆线的例子。

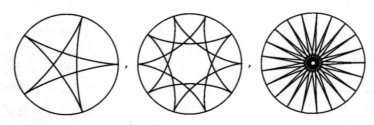

图 10.18　两个圆的半径之比分别为 15:9、10:3、21:11 的内摆线

玫瑰花窗之美

在哥特式建筑中，尤其是在玫瑰花窗的窗饰中，也可以找到外摆线和内摆线。这些圆形的窗户被石头分隔成许多小块。玫瑰花窗通常包含着一些内摆线或外摆线的镜像元素。我们举两个著名的例子来显示这样的精致艺术品，如图 10.19 所示。在意大利米兰大教堂的玫瑰花窗上，既可以辨认出三尖瓣线，也可以发现外摆线。

这些手工砌筑的石工杰作，不仅体现了完全以圆为基础的几何结构的数学魅力，还将这些结构内在的美以艺术上的完美表现得淋漓尽致。

图10.19 米兰大教堂(左图)和巴黎圣母院(右图)的玫瑰花窗

万花尺玩具:外次摆线和内次摆线

万花尺(Spirograph)玩具是英国工程师丹尼斯·费舍尔(Denys Fisher,1918—2002)开发的一种绘图工具。它在20世纪60年代末和70年代初非常流行,并在近半个世纪后的今天又重新流行起来。从1965年到1967年,它连续三次获得"教育玩具年度大奖",并于2014年再次入围"年度玩具"决赛。一套万花尺通常是由不同尺寸的塑料环和轮组成的,偶尔还会有一块刻有各种圆的塑料模板。轮、环及模板中的那些圆的边缘上都有轮齿,这些轮齿彼此啮合,于是轮就可以沿着其他的圆周发生无滑滚动——在其他轮的外部,或在那些环或圆的内部。每个轮或环上都有几个用于插笔的小孔(参见图10.20)。

当你将一支钢笔或铅笔的笔尖插入其中一个小孔,使其触及模板下方的硬纸板或纸张,然后旋转这个轮,笔尖就会在硬纸板或纸张上画出一些曲线。

可以用大头针将被环绕的那个环或轮固定在衬垫物上,确保它静止不动。现在放置另一个轮,使它的轮齿能与固定件的轮齿相啮合。将笔尖插入可动轮上的一个孔中,然后推动它沿着固定件上的轮齿转动,于是笔尖就会画出与前两节讨论过的一些外摆线和内摆线相似的曲线。只要将不同直径的轮和环组合在一起,并将笔尖插入到与轮中心间隔不同距离的孔中,你就可以画出一些形状奇异的几何图形,它们具有意想不到的错综复杂和美丽(参见图10.21中的一些示例)。

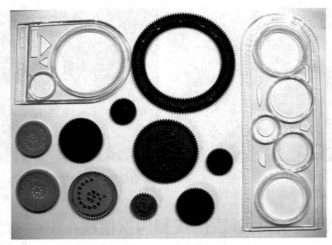

图 10.20　一种万花尺套装

　　不过，这些曲线并不完全是外摆线或内摆线。这是因为笔尖插入的那些孔无法位于轮最外侧的圆周上。它们总是在滚动圆的**内部**，而不是像外摆线和内摆线的情况那样正好在圆的边缘上。万花尺玩具所描绘出的这些曲线称为**外次摆线**（epitrochoid，此时滚动圆在静止圆外部）和**内次摆线**（hypotrochoid，此时滚动圆在静止圆内部）。外次摆线和内次摆线是比外摆线和内摆线更常见的曲线类型。它们的定义是，当一个半径为 r 的圆绕着另一个半径为 R 的固定圆在其外部或内部滚动时，滚动圆上与圆心距离为 d 的一个固定点所描绘出的曲线。这个距离 d 可以小于、等于或大于滚动圆的半径 r。如果 $d = r$，我们就得到外摆线或内摆线，所以可以将外摆线和内摆线看作是外次摆线和内次摆线的特例。只有当 $d = r$ 时，曲线才会有尖锐的、像刺一样的尖端，这是因为每当沿着曲线移动的那个点与静止圆接触时，其速度都降为零。如果 $d < r$（用万花尺玩具所画出的曲线

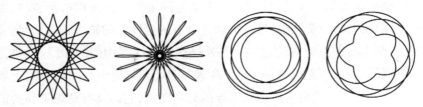

图 10.21　用万花尺玩具画出的一些示例曲线

总是这种情况),那么曲线的方向会在拐点处发生平滑改变。在图10.21的这些示例中可以看到这一点。

外摆线或内摆线的形状实际上完全取决于所涉及的两个圆的半径之比,因此也就仅取决于实数 $k = \dfrac{r}{R}$。相比之下,描述外次摆线或内次摆线的形状则需要**两个**实数——一个是两个圆的半径之比,另一个是点到滚动圆中心的距离 d 与滚动圆半径 r 的比值。令 $l = \dfrac{d}{r}$,则 k 和 l 这两个数就唯一地描述了相应的外次摆线或内次摆线的形状。

关于万花尺玩具的一个有趣问题是:滚动轮必须绕着固定轮转多少圈,笔尖才能再次回到它的起点?换言之,为了看到"完整图形"(即完整曲线),我们必须沿轨道绕行多少圈?我们已经知道,如果 k 是无理数,那么曲线就永远不会闭合。不过,对于任何用带轮齿的轮或环画出的曲线,k 总是一个有理数。其原因是,这里的 k 就等于两个圆周上的轮齿数之比。因此,我们必定有 $k = \dfrac{p}{q}$,其中 p 和 q 都是正整数(轮齿数)。假设我们使用一个有150个轮齿的固定轮和一个有35个轮齿的滚动轮,使小轮在大轮的外面(或里面)滚动,从而产生外次摆线(或内次摆线)。我们将滚动轮上一开始与固定轮接触的一个轮齿做上标记。在滚动轮完成一圈轨道运动后,这个标记偏离其初始位置的轮齿数会等于 $\dfrac{150}{35}$ 的余数,也就是相差10个轮齿($150 = 4 \times 35 + 10$)。沿轨道绕行两圈后,这个标记与其初始位置偏离了20个轮齿。沿轨道绕行三圈后,这个偏离值会变成30个轮齿。但在沿轨道绕行4圈后,差值就会只有5个轮齿了,因为 $4 \times \dfrac{150}{35} = \dfrac{600}{35}$ 的余数是5。在沿轨道绕行多少圈(用 N 表示)之后,这个标记又会再次回到它的起点?一旦 $\dfrac{150N}{35}$ 的余数等于0就会发生此事,这意味着此时35是 $150N$ 的一个因子。150和35的最小公倍数给出了完成我们的外次摆线(或内次摆线)所必需的轮齿接触次数。在这个例子中,这个数是1050,因为 $1050 = \mathrm{LCM}(150, 35)$。现在我们只需要算出相应的轨道数。较大的轮有150个轮齿,所以我们只需将得到的总的轮齿接触次数除以150,就可以得到笔尖回到初始位置前沿轨道绕行的圈数。因此，我们需要沿轨道绕行 $\frac{1050}{150}=7$ 圈才能完全画出我们的外次摆线（或内次摆线）。更一般地，如果使用一个有 p 个轮齿的小轮和一个有 q 个轮齿的大轮或环（$q>p$），那么 p 和 q 的最小公倍数除以 q，就给出了完成这条曲线时小轮需沿轨道绕行的圈数，即 $N=\dfrac{\text{LCM}(p,q)}{q}$。

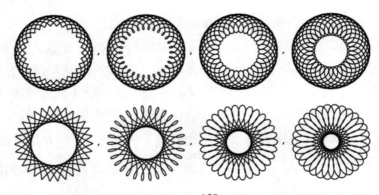

图 10.22 固定轮半径与滚动轮半径之比为 $\frac{150}{35}$ 时的外次摆线（第一行）和内次摆线（第二行）

结语

在这一章中，我们考虑了由固定在滚动圆上的一个点所描绘出的曲线。按照这个点是否恰好在滚动的圆周上，我们讨论了摆线及（更一般的）次摆线。如果这个滚动圆不是在一条直线上滚动，而是沿着另一个圆在圆周外部滚动，那么对应的曲线分别称为外摆线和外次摆线。另一方面，一个圆也可以沿着另一个更大的圆在其圆周内部滚动，这样产生的曲线称为内摆线和内次摆线。

摆线有许多有趣的性质。从伽利略到欧拉，许多伟大的数学家都注意到了摆线。倒摆线是约翰·伯努利提出的著名的最速降线问题的解答。摆线只有一种，却存在着无穷多种不同的外摆线和内摆线。这是因为外摆线或内摆线的形状取决于滚动圆半径与静止圆半径之比。让圆绕着彼此滚动而产生的曲线形状的多样性令人震惊。外次摆线和内次摆线的情况更是如此，它们是万花尺玩具所描绘出的曲线。影响它们外观的因素，不只是圆的半径，还有绘制曲线的点到滚动圆中心的距离。从这些曲线的几何结构中可以显露出惊人的复杂和极度的优雅，这不仅吸引了儿童或成年人去玩万花尺，还给工程师、建筑师和艺术家带来了灵感。

　　这一丰富多彩的曲线族的一些实例甚至可以在日常生活中被观察到，比如从咖啡杯中反射出的光所形成的心脏线，或者自行车车轮辐条上的反射镜所描绘出的次摆线。此外，互联网上还能找到各种免费的万花尺绘画器。我们强烈建议读者们亲身体验一下，并使用这样一个在线工具（或者你自己的老式万花尺玩具）来构造出我们讨论过的一些曲线，也许还可以构造出属于你自己的精致万花尺图案。祝你玩得开心，并请小心滚动的圆！

第11章　球面几何学：球面上的圆

在球面上大致可以画出两种圆，即圆心与球心重合的圆和圆心与球心不重合的圆。在这一章中，我们只关注前者，即所谓的**大圆**（great circle）。虽然在球面上可以研究的几何学与通常在平面上研究的几何学有许多相似之处，但在我们浏览这个非常有趣的主题的过程中，会看到它们之间也有一些不同之处。球还会使我们的思维混乱，并产生一些违反直觉的想法。例如，考虑一根绕地球赤道放置的绳子。

一根绕着赤道的绳子——违反直觉！

为了完成这个勉强够格的数学"游戏"，我们将地球看成一个完美的球体，并假设赤道长度恰好等于 40 000 千米。为了让思考过程更容易一些，再假设地球赤道的表面是光滑的。

首先，想象有一根绳子紧紧地绑在赤道上，这样它就环绕着整个球体。现在，假设我们把绳子恰好加长 1 米。把这根（现在是松弛的）绳子绕赤道放置，使它与地球表面保持均匀的距离（见图 11.1）。我们要回答的问题是，此时绳子和地球表面之

图 11.1

间的空隙是否大到足以让一只老鼠从绳子下方钻过[①]?大家很可能错误地认为,这显然是不可能的。

图 11.2

要确定地球和绳子这两个圆周之间的距离,传统的方法是找出它们的半径之差。如图 11.2,设 r 为地球赤道的半径长度(周长为 C),而 R 为绳子形成的圆的半径长度(周长为 $C+1$)。

根据熟悉的周长公式可得:

$$C = 2\pi r \quad 或 \quad r = \frac{C}{2\pi}, \quad C + 1 = 2\pi R \quad 或 \quad R = \frac{C+1}{2\pi}。$$

求出两个半径之差,即

$$R - r = \frac{C+1}{2\pi} - \frac{C}{2\pi} = \frac{1}{2\pi}。$$

分子中的"1"表示1米,因此得到

$$R - r = \frac{1}{2\pi} \approx 0.159 （米）。$$

哇!那里实际上存在着一个接近16厘米的空间,足够让一只老鼠在绳子下面钻过了。

我们也可以用一种非常强大的解题策略来回答这个问题,这种策略可以称为"考虑极端情况"。我们意识到这个解与地球的周长或半径 r 无关,因为最终结果的计算中不包括周长,只需要计算 $\frac{1}{2\pi}$。

在这里利用极端情况,就会有一种非常完美的解决方案。假设(上文中)内层的那个圆非常小——小到它的半径长度为零(这意味着它实际上只是一个点)。我们要求的是半径之差。在这种情况下,$R - r = R - 0 = R$,因此只需要求出大圆半径的长度,问题就解决了。我们用周长公式来求出大圆的周长:

$$C + 1 = 0 + 1 = 2\pi R,于是 R = \frac{1}{2\pi}。$$

[①] 这个"经典"问题的首次公开发表是在亨利·欧内斯特·杜德尼(Henry Ernest Dudeney)的"悖论派对:对一些奇怪谬论和脑筋急转弯的讨论"(*the Paradox Party: A Discussion of Some Queer Fallacies and Brain-Twisters*, Strand Magaz ine 38, no. 228, ed. George Newnes (December 1909): 670–76)一文中。——原注

你最初的错误判断把我们引向两个令人愉快的小小宝藏。首先，这个惊人的结果显然是一开始没有预料到的。其次，我们有了一个很好的问题解决策略，可以作为未来使用的有用模型[①]。

既然已经环绕地球表面一周，那么让我们来尝试解决球的表面积问题。为了确定一个球的表面积，需要先做一些准备工作，然后才能深入到建立其公式的过程中。首先考虑以下关系：一条线段绕着其所在平面内的一条与它既不垂直、也不相交的轴旋转而形成一个表面，从该线段的中点作该线段的一条垂线与轴相交，以垂足到交点之间的线段为半径作圆，那么旋转而成的那个表面的面积等于原线段在轴上的投影与所作圆的周长的乘积。

这听起来可能有点复杂，但是一旦建立了这一关系，它将为我们确定球的表面积公式提供必要的条件。在图11.3中，线段 AB 绕轴 XY 旋转。线

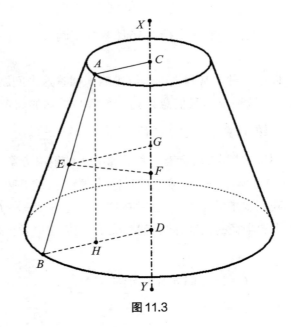

图11.3

① 更多案例和对类似问题的讨论，请参见 Alfred S. Posamentier and Ingmar Lehmann, *Pi: A Biography of the World's Most Mysterious Number* (Amherst, NY: Prometheus Books, 2004), pp. 222–43, 305–308. ——原注

段CD是AB在XY上的投影。这意味着AC和BD都垂直于XY。此外，EF是AB的垂直平分线。我们把AB旋转扫出的面积用字母S表示。在接下来的过程中，我们将证明S等于$2\pi \cdot CD \cdot EF$。

由于AB与XY既不平行也不相交，因此S是圆台（即被截去顶部的圆锥）的侧面积。接下来，作$EG \perp XY$于点G，$AH \perp BD$于点H。已知圆台的侧面积等于$\pi h(r+r')$，其中h是斜高，r和r'分别是上下底半径。由于EG是梯形$ACDB$的中位线，因此$EG = \dfrac{r+r'}{2}$。于是$S = 2\pi \cdot AB \cdot EG$。我们知道四边形内角之和是360°。既然$\angle BEF$和$\angle BDF$都是直角，那么剩下的两个角之和必定等于180°，即$\angle EBD$和$\angle EFD$是互补的。另外，$\angle GFE$与$\angle EFD$也互补，因此$\angle GFE = \angle EBD$。于是就能得出$\triangle EGF$与$\triangle AHB$是相似三角形，由此得到比例关系：$\dfrac{AB}{EF} = \dfrac{AH}{EG}$，这就相当于$AB \cdot EG = AH \cdot EF$。又由于$AH = CD$，因此可以推断出$AB \cdot EG = CD \cdot EF$。现在只需要替换上面的面积公式中的线段乘积，即可得到

$$S = 2\pi \cdot CD \cdot EF。 \tag{1}$$

在建立了这一关系后，就可以将它应用于球面，从而得到球面积公式了。

我们将证明，如果有偶数条边的半个正多边形内接于一个半圆，那么旋转这半个正多边形所生成的面，其面积等于该半圆的直径与以该直径中心到多边形任意一边的垂线段为半径的圆的周长的乘积。

在图11.4中，多边形$ABCDEFG$内接于半圆ADG，并以AG为轴旋转。设S为多边形$ABCDEFG$旋转产生的面的面积，h表示从点O到AB的垂线长度，我们要证明$S = 2\pi \cdot AG \cdot h$。使用之前式（1）的结果，可知由线段$AB$生成的面的面积等于$2\pi \cdot AP \cdot HO$。同理，由线段$BC$生成的面的面积等于$2\pi \cdot PQ \cdot JO$。将这一模式继

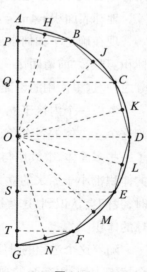

图11.4

续下去,可以看到由线段CD生成的面的面积等于$2\pi \cdot QO \cdot KO$。如果对多边形的每条边都继续这一模式,就会发现多边形旋转所扫出的总面积等于$2\pi \cdot (AP + PQ + QO + OS + ST + TG) \cdot h = 2\pi \cdot AG \cdot h$。请注意,我们提出了$h$这个因子,因为$h = HO = JO = KO = LO = MO = NO$。如果我们假设这个多边形有无限条边,或者换句话说就是这个多边形的边接近这个半圆的圆周,那么我们就会发现h接近于半圆的半径,或者可以说$h = r$,r即半圆的半径。因此,该半圆扫过的面积就等于$2\pi \cdot 2r \cdot r = 4\pi r^2$。

此时此刻,我们应该定义球面几何中的一个关键元素,即**大圆**。大圆就是画在球面上的、圆心就在球心处的圆。显然,这是在球面上能够画出的最大的圆。同理,当它的弧连接球面上的两点时,这段弧(即大圆上这两点间较短的那一段)就是球面上这两点之间的最短距离。这就使它类似于平面上的直线段,即平面上两点之间的最短距离。利用大圆的概念,可以进一步将球的表面积明确表示为球面上大圆的直径(或$2r$)与该球面上一个大圆的周长的乘积,用符号来表示就是$2r \cdot 2\pi r = 4\pi r^2$。我们还可以将一个球的表面积表示为该球面上的4个大圆的面积,即$4(\pi r^2)$。

假设地球是一个半径为6 371.39千米的理想球体,我们现在可以利用上述公式计算出地球的表面积(忽略地形差异),得到:

地球表面积$= 4\pi r^2 = 4\pi \cdot (6\,371.39)^2 \approx 509\,868\,308.28$平方千米。

现在确定了如何求出球的表面积,接下来我们将研究如何求出球的体积。开始之前请回忆一下,棱锥的体积等于它的高和底面面积乘积的三分之一。这里使用的论证过程会再次涉及极限。

考虑一个内接于立方体的球。然后开始用与球面相切的各平面来切割这个立方体的各个角,如图11.5所示。这样,就在该球的周围逐次形成了一些多面体。继续用与球面相切的平面来切割各个角,其中每个多面体的体积都小于原来的立方体。当继续切割这些新形成的多面体的各顶点时,我们会认识到,这些循序渐进的多面体的体积正在接近一个极限,即球的体积。

随着这个过程的继续,与球面相切的平面构成了许多棱锥。以其中一个棱锥为例,用夸张的视图画出,如图11.6所示。图中的棱锥显然比我们

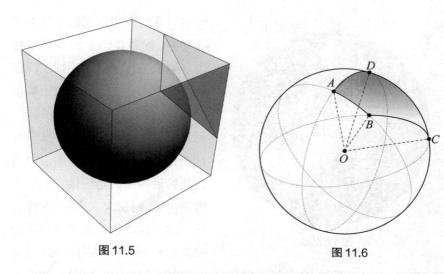

图 11.5

图 11.6

实际考虑的要大得多，我们要考虑的棱锥的底非常小，几乎可以认为它是"平的"。

请回忆一下，棱锥 $O\text{-}ABCD$ 的体积等于它的底 $ABCD$ 的面积的三分之一乘以高 r，这里的 r 是球的半径。而球的体积是无穷多个这样的棱锥体积之和，它们的总底面积就等于球的表面积 $4\pi r^2$，而它们的高都等于球的半径。因此，这无穷多个棱锥的体积之和就是

$$\frac{1}{3}\cdot r\cdot 4\pi r^2=\frac{4}{3}\pi r^3 。$$

再次回到我们近乎完美的地球。用上面这个公式求出地球的体积，代入半径 6 371.39 千米，就得到

$$\frac{4}{3}\pi r^3=\frac{4}{3}\times 3.14\times 6\,371.39^3\approx 1\,082\,856\,613\,570.80 \text{ 立方千米。}$$

现在我们已经知道了球的结构部分，即它的表面积和体积。接下来考虑球面上的几何学，这通常被称为**球面几何学**(spherical geometry)，它相对于平面上的几何学，后者被称为**平面几何学**(plane geometry)。球面几何学的研究始于德国数学家波恩哈德·黎曼(Bernhard Riemann, 1826—1866)，他背离了欧几里得几何学，且在球面上建立起了非欧几何学。在这种几何学中，并非所有的标准欧几里得假设都适用。例如，在球面几何学中就不存在平行线。

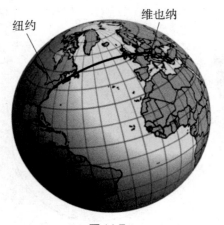

纽约　　　维也纳

图11.7

当我们开始研究这一另类几何学时,就需要建立一些基本规则。例如,在平面上使用直线时,我们知道两点之间的最短距离是一条将它们连接起来的直线段,而在球面上,则使用大圆来实现这一目的。作为类比,球面上两点之间的最短距离是连接它们的大圆的劣弧。时常有人会问,为什么从纽约飞往维也纳的飞机通常会向北经过格陵兰岛附近海岸。当我们观察一幅地图时,会觉得直接横穿大西洋的飞行距离会更短。而事实上,较短的距离,即大圆航线,正是通常的飞行航线,它会经过格陵兰岛附近海岸(见图11.7)。

同一个球面上的大圆有许多值得注意的性质。这里列出其中一些:

- 球面大圆的轴①穿过球心;
- 同一球面上的所有大圆都相等;
- 每个大圆都将球平分为两半;
- 同一球面上的任意两个大圆相交;
- 如果同一个球的两个大圆所在平面互相垂直,那么每个圆都通过另一个圆的极点(大圆的极点是指垂直于大圆所在平面的球直径的端点);
- 通过球面上的任意两点(不包括直径上的两个端点),只能画出独一无二的一个大圆。

现在我们已经做好准备,可以考虑球面角的概念了。当两个大圆的弧在球面上相交时,它们就确定了一个球面角,这个球面角的大小就等于在该球面角顶点处作这两个大圆的两条切线所形成的角度。将这个角表示为$\angle A'PB'$,它与以顶点P为一个极点的大圆的弧AB具有相同的大小。在

----
① 大圆的轴是指垂直于大圆所在平面的球直径。——译注

图11.8中,可以注意到∠A'PB'就等于$\overset{\frown}{AB}$的度数。

在图11.8中,我们还注意到$\overset{\frown}{PA}$与$\overset{\frown}{PB}$与过点A和点B的大圆在球面上构成两个直角。一般而言,通过一个给定大圆的极点画出的所有大圆的弧都与给定大圆构成直角。

我们还应该注意到,在平面几何中与直线有关的那些词,如**对角线**、**高**、**中位线**、**平分线**等,在球面多边形中的意义与在平面上的多边形中的关系等同。类似地,我们也用**直角**、**钝角**、**锐角**、**等边**、**等腰**、**等角**之类的词来描述球面三角形。请记住,球面三角形的三边都是球面上大圆的弧。

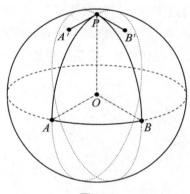

图11.8

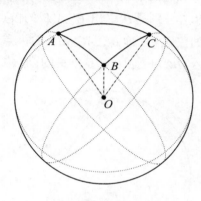

图11.9

与平面上的三角形类似,球面三角形中的任意两条边之和也大于第三条边。在图11.9中,我们可以得出结论:对于球面$\triangle ABC$的各边,有$AB + BC > AC$、$AC + BC > AB$及$AB + AC > BC$。

此外,任何凸球面多边形的各边之和小于$360°$[①]。在图11.10中可以看到,球面四边形的各边之和$AB + BC + CD + DA < 360°$。显然可以看出,如果各边之和等于$360°$,那就会形成一个大圆。

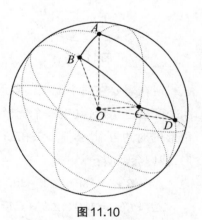

图11.10

---

① 球面多边形的边以弧度来度量大小。——译注

球面三角形与平面三角形最根本的区别就是球面三角形的内角之和必定大于180°而小于540°。

另一种看待这一点的方式是,球面三角形可以包含一个、两个或三个直角,也可以包含一个、两个或三个钝角。对于一个平面三角形来说,最多可以有一个直角或钝角,因为它的内角和总是等于180°。

为了表明一个球面三角形的内角和,首先需要定义配极三角形。如果一个球面三角形的三个顶点分别是另一个球面三角形的三条边的极点,那么这两个三角形就互为**配极三角形**(polar triangle)。在图11.11中,点A、B、C分别是$B'C'$、$A'C'$、$A'B'$的极点。同样,点A'、B'、C'分别是球面$\triangle ABC$的三条边(即BC、AC、AB)的极点。请注意,这种关系总是自反的。如果$\triangle ABC$对$\triangle A'B'C'$是配极的,那么$\triangle A'B'C'$对$\triangle ABC$也一定是配极的。

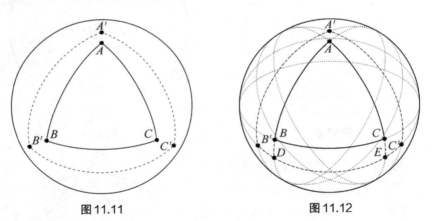

图11.11　　　　　　　　　　图11.12

现在需要在两个配极三角形之间建立一个重要的关系,即对于任意两个配极三角形,其中一个配极三角形的任意一个角都与另一个配极三角形的对边互补。换言之,在图11.12中,$\triangle A'B'C'$是$\triangle ABC$的配极三角形,我们会证明:

$$\angle A + B'C' = 180°, \angle A' + BC = 180°;$$
$$\angle B + C'A' = 180°, \angle B' + CA = 180°;$$
$$\angle C + A'B' = 180°, \angle C' + AB = 180°。$$

首先延长AB和AC,与$B'C'$分别相交于点D和点E。请注意,B'是AE

的极点，且 $B'E = 90°$。同理，$DC' = 90°$。因此 $B'E + DC' = 180°$。我们可以看出 $B'E = DE + B'D$，由此可以推断出 $DE + B'D + DC' = 180°$。由于 A 是 DE 的极点，因此我们知道 $DE = \angle A$。于是我们可以得出结论：$\angle A + B'C' = 180°$。对于球面三角形的每一个其他角都可以进行相同的论证，从而证明了一个球面三角形的各内角与它的配极三角形的各对边之间的互补关系。

现在我们已经做好准备去证明球面三角形的内角之和大于 $180°$ 而小于 $540°$ 了。

首先，给定球面 $\triangle ABC$ 及其配极 $\triangle A'B'C'$，如图 11.13 所示。这个配极三角形的每条边的度数分别为 a'、b'、c'。

由于之前已经确定了球面三角形的一个角与其配极三角形的对边之间的互补关系，因此可以推断出以下关系：$\angle A + a' = 180°$，$\angle B + b' = 180°$，$\angle C + c' = 180°$。对这三个方程求和，就会得到 $\angle A + \angle B + \angle C + a' + b' + c' = 540°$。我们知道，球面三角形的三条边之和小于 $360°$，于是 $a' + b' + c' < 360°$。因此，从先前的总和中减去此式，可以推断出球面三角形的内角之和必定大于 $180°$。或者说对于 $\triangle ABC$，可以推断出 $\angle A + \angle B + \angle C > 180°$。

请回忆一下，$\angle A + \angle B + \angle C + a' + b' + c' = 540°$，而这无疑就合理地给出 $a' + b' + c' > 0°$，于是可以推断出 $\angle A + \angle B + \angle C < 540°$。因此我们就证明了一开始的论断，即 $180° < \angle A + \angle B + \angle C < 540°$。

球面三角形也可以全等。不过，与平面三角形相比，球面三角形由于其方向不同，可能会出现各对应部分相等而三角形却不全等的情况。在这种情况下，它们被称为互为**对称三角形**（symmetric triangles）。

在图 11.14(a)和图 11.14(b)中可以分别看到全等和互为对称的球面三角形，它们也像平面三角形一样，存在着下列全等关系：

• 同一球面上或相等球面上的两个球面三角形，如果其中一个三角形的两条边及其夹角分别等于另一个三角形的两条边及其夹角，并且以

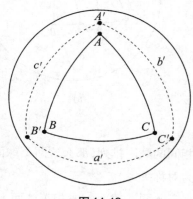

图 11.13

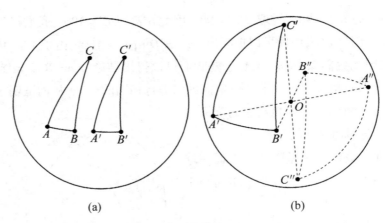

(a)   (b)

图 11.14

相同的顺序排列,那么这两个球面三角形全等(若以相反顺序排列就是互为对称关系)。

    ● 同一球面上或相等球面上的两个球面三角形,如果其中一个三角形的两个角及它们之间的边分别等于另一个三角形的两个角及它们之间的边,并且以相同的顺序排列,那么这两个球面三角形全等(若以相反顺序排列就是互为对称关系)。

    ● 同一球面上或相等球面上的两个球面三角形,如果其中一个三角形的三条边分别等于另一个三角形的三条边,那么它们要么是全等的,要么是互为对称的。

    ● 同一球面上或相等球面上的两个球面三角形,如果其中一个三角形的三个角分别等于另一个三角形的三个角,那么它们要么是全等的,要么是互为对称的。

    两个互为对称的球面三角形面积相等——这对于全等的球面三角形显然也成立。此外,球面等腰三角形,即两条边的长度相等的三角形,存在着与平面等腰三角形类似的一些关系。例如,球面等腰三角形的两个底角相等。反过来,如果球面三角形的两个底角相等,则其对边也相等。同样,球面等边三角形也是等角的,而球面等角三角形也是等边的。

    正如你所看到的,球面上的几何学是一个完整的研究课题,其中不存在平行线,但仍然存在许多与平面几何学的类似之处。这里有一个完全基于圆的非欧几何的例子,本例中的圆是基于球面的大圆。

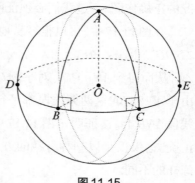

有一些难题可以将球面几何学与平面几何学以一种颇为有趣的方式联系起来。在图11.15中可以看到球面上的一个三角形,我们将其称为**球面三角形**,它是以三条大圆的弧为三边构成的,它的三个内角之和超过180°。这对于平面上的三角形而言显然是不可能的。在平面上,这种情况下的内角之和是180°。它有可能超过180°吗?

图 11.15

让我们来看看下面这种情况,有两个大小不同或相同的相交圆。从它们的一个交点出发画出它们的直径,然后把这两条直径的另两个端点连接起来。

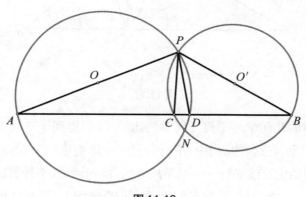

图 11.16

在图11.16中,AP和BP这两条直径的端点A、B用线段AB相连,AB与圆O相交于点D,与圆O'相交于点C。$\angle ADP$内接于半圆PNA,$\angle BCP$内接于半圆PNB,因此这两个角都是直角。于是我们就陷入了一个困境:$\triangle CPD$有两个直角!虽然这对于球面三角形来说是没有问题的,但在平面上却是不可能的。因此,我们的推导过程中一定有什么地方出错了。

正确地画出这个图形时,就会发现$\angle CPD$必定等于0°,因为平面三角形的内角和不能大于180°。于是$\triangle CPD$并不存在。图11.17显示了这种情况的正确作图。不过我们必须证明这是正确的图。

在图11.17中,可以很容易地证明 $\triangle POO' \cong \triangle NOO'$,于是有 $\angle POO' = \angle NOO'$。由于 $\angle PON = \angle A + \angle ANO$,且 $\angle ANO = \angle A$,因此我们有 $\angle POO' = \angle A$,从而得到 $AN /\!/ OO'$。对于圆 O' 也可以通过同样的论证得到 $BN /\!/ OO'$。由于 AN 和 BN 这两条线段都平行于 OO',因此它们实际上必定在同一条线段 ANB 上。这证明了图11.17中的作图是正确的,图11.16中的作图不正确。这仅仅是以一种有趣的方式展示了一个概念在平面和球面上会有怎样的不同。

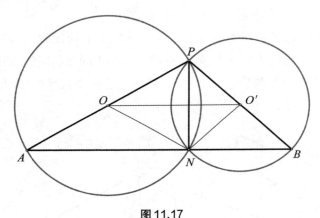

图 11.17

通过球面几何学与平面几何学的比较,我们得到了对所谓非欧几何的第一个印象。在这种几何中,平行公设——即给定一个点,有且只有一条直线可与给定直线平行——是不成立的。换句话说,平行的概念不适用于球面。有人可能会说,既然我们生活在一个球面上,那么这种几何对我们而言更为适合。正如先前曾提到的,一架客机的飞行航线可以让我们注意到这种现象。

后记：关于圆的文化简介
（埃尔温·劳舍尔）

不要弄乱我的圆！

　　古代世界的画板就是沙子，圆规就是一根尖杆。在第二次布匿战争期间，充满幻想的希腊数学家阿基米德作为工程师为希腊大都市叙拉古建造战斗机械，他在工作中把这两样工具都用到了。在他的学术生涯中，他不仅为早期估算 π 的数值给出了操作指南，还发现了杠杆原理。阿基米德被国王希罗二世（King Hiero Ⅱ，前308—前215）征召入军队服役，他利用自己新研究出来的知识开发出极为复杂的弹射器和起重机，挫败了罗马战舰的进攻。正因为如此，罗马将军马库斯·克劳迪亚斯·马塞勒斯（Marcus Claudius Marcellus，前268—前208）甚至给了他一个神话意象般的称呼——**数学百臂巨人**（mathematical Centimani）。后来，叙拉古由于遭到背叛而沦陷，被入侵者洗劫一空，阿基米德因为没有听从罗马士兵的命令而丧生。当他在沙子上画圆，弯腰专注于他的那些数学作图时，被一个暴怒的罗马军团士兵用剑杀死了。这是违反命令的，因为马塞勒斯曾明确下令要饶过他的性命。他的遗言经常被引用："Noli turbare circuit meos！（不要弄乱我的圆）"①。因此，一个无知士兵的暴怒造成了这位著名

---

① 另请参看 Wikipedia, s.v. "Noli turbare circulos meos!" last modified June 13, 2015, https://en.wikipedia.org/wiki/Noli_turbare_circulos_meos （accessed September 14, 2015）. ——原注

数学家的死亡,这个故事像犯罪小说一样流传了千年。

作为人类最古老、最重要的象征之一,在无数叙述圆的历史故事中,这也许是最著名的一个。它渗透到我们思维和研究的许多方面,甚至超越了数学的范畴。这些故事作为一个个实例,见证了从沙子中的简单痕迹开始,人类的思想是如何被塑造的。正如欧几里得所描述的那样,在现代数学中,圆始终保持不变。而与此同时,它频繁而多样的蜕变却改变了人们对众神和世界的想象意义。

生活中无所不在的圆

每个人都受到圆和球的影响:不仅自行车车轮、汽车轮胎、飞盘、蛋糕、汉堡包、药片、硬币是圆的,人的瞳孔和虹膜也是圆的。而且孩子们还会玩大大小小的球,玩呼啦圈和圆环,他们还经常围成圆圈跳舞。在农村,人们习惯于在晚上以圆形围坐在篝火旁。在圣诞节,人们看到球形的圣诞树装饰时,眼睛就会亮起来。我们骑自行车,带着指南针徒步旅行,转动汽车的方向盘,遵循圆形的交通标志和信号灯,用唱片和CD听最喜欢的音乐,用圆形的棋子下跳棋。人们在金融圈中做出关键决策,在商业圈中出售商品,教师为职业圈中最好的教学方法争论不休,而最好的价格是在贸易圈中谈判得到的。莎士比亚最初的环球剧场①很可能是圆柱形结构,许多人也知道三环马戏团②。我们还发现,圆在我们的社会生活中也是一种具有代表性的象征——人们聚在一起聊天,围坐在圆桌旁讨论,而家庭圈则让我们感到轻松自在。在繁忙的十字路口,交通圈比红绿灯更能调节交通流量。总之,圆无处不在。

① 环球剧场(Globe Theatre)位于英国伦敦,最初是由英国戏剧家、诗人威廉·莎士比亚(William Shakespeare, 1564—1616)所在的宫内大臣剧团(Lord Chamberlain's Men)于1599年建造,1613年毁于火灾,1614年重建,1642年关闭。现代仿造的环球剧场于1997年建成,距离原址约205米。——译注
② 三环马戏团(three-ring circus)是指在三个场地同时进行表演的大马戏团,常常用来比喻许多活动同时发生的混乱局面。——译注

圆和球——日常生活和数学中的永恒符号

　　圆和它的三维类似物：球，自古以来就在众多文化领域中被用作各种象征符号。史前的祭祀场所都被修建成圆形，如今的许多土著定居点仍然是圆形的。同心圆是和谐的象征，正如基督教的创世各阶段和禅宗佛教的开悟层次。圆是轮回的象征，它也构成了一切自然事物的基础——太阳、月亮，以及地球上的各种果实。当人们还不知道地球是球形时，它被看作是一个圆盘。曼荼罗①通常以圆为基础，显示了从物质到精神的道路。即使在今天，西藏的僧侣仍会在沙地上绘制精致的圆形和方形曼荼罗，与阿基米德不同的是，他们会再将曼荼罗抹去以象征刹那生灭。

　　在数学中，圆和球被认为是完美的几何形状：它们贯穿于各个年级的学校课程。小孩子从给各种圆形涂颜色开始接触它。在作图练习中，圆帮助学生掌握对称的概念。在后续学习数学的过程中，学生会遇到许多与圆有关的几何关系，而这些几何关系都可以通过几何画板或 Geogebra 等动态几何软件得到极大的强化。将圆的应用推广到圆锥、圆柱、球的研究和三角学应用，则进一步突出了圆的独特地位。涉及在球面上作出的大圆的扩展研究，将平面几何推广到了球面几何。还存在着一些基本问题，它们令一代又一代的业余和专业数学家为之着迷，比如对 π 值的计算，或化圆为方这个具有挑战性的问题，以及通过随机②模拟来确定圆的面积。

化圆为方

　　作一个正方形，使其面积恰好等于一个给定圆的面积（见图 A.1），这个问题被认为是几何学中最著名的问题之一。时至今日，数学狂热者们仍然试图证明这一作图可以用经典的欧几里得方法来完成。然而，这个问题在 1882 年就已被证明是无解的，当时德国数学家费迪南德·冯·林德曼

---

① 曼荼罗（Mandala）是源自印度教与佛教的一些沉思冥想的标记，意指一切圣贤、一切功德的聚集之处。——译注

② 随机（stochastic）的意思是随机确定。也就是说，有一个随机概率分布或模式，可以对其进行统计分析，但不能准确预测。——原注

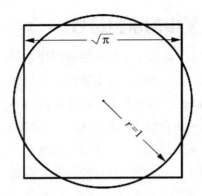

图 A.1 "Squaring the Circle," Wikimedia Commons, original PNG by Plynn9; SVG by Alexei Kouprianov.

(Ferdinand von Lindemann，1852—1939)证明，用经典的作图工具（直尺和圆规）是不可能完成这一作图的①。

数千年来，人们一直在努力寻找解决办法。早在公元前1550年，《莱因德数学纸草书》②就试图用有许多边的多边形来估算圆的面积。泰勒斯（Thales，前624—前546）、毕达哥拉斯和普鲁塔克（Plutarch）都曾努力尝试解答这个问题。据传，后来成为伯里克利（Pericles，前496—前429）导师的阿那克萨哥拉（Anaxagoras，前500—前428），在监狱里纯粹出于无聊而沉湎于解答这个问题。**希波克拉底的月牙**（The Lune of Hippocrates）③是一个由两段圆弧界定的区域，其中较小圆的那段圆弧所对应圆的直径是较大圆的一段90°弧的弦（见图A.2）。这个图形非常有名，但即使这样也不能解决这个问题④。后来，尽管阿基米德能够证明圆的许多重要的基本性质，却也没能解决这个问题⑤。中世纪和近代

① 参见冯承天著，《从一元一次方程到伽罗瓦理论》，华东师范大学出版社，2012；冯承天著，《从代数基本定理到超越数：一段经典数学的奇幻之旅》，华东师范大学出版社，2017。——译注

② 《莱因德数学纸草书》(*The Rhind Mathematical Papyrus*)是最具代表性的古埃及数学原始文献之一，1858年由苏格兰收藏家莱因德购得，现藏于大英博物馆。另有少量缺失部分1922年在纽约私人收藏中被发现，现藏于美国纽约布鲁克林博物馆。——译注

③ Wikipedia, s.v. "Lune of Hippocrates," last modified December 20, 2014,https://en.wikipedia.org/wiki/Lune_of_Hippocrates (accessed September 14, 2015). ——原注

④ 图A.2中的月牙面积等于阴影三角形面积，因此四个月牙便可化为一个正方形。——译注

⑤ Wikipedia, s.v. "Archimedes," last modified August 11, 2015, https://en.wikipedia.org/wiki/Archimedes (accessed September 14, 2015); Wikipedia, s.v., "Measurement of a Circle," last modified July 5, 2015, https://en.wikipedia.org/wiki/Measurement_of_a_Circle (accessed September 14, 2015).——原注

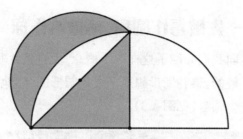

图A.2　希波克拉底的月牙

的许多科学家都曾试图找到一个证明,直到1882年林德曼最终成功地证明π不是一个代数数,而是一个超越数,因此它不能用经典欧几里得方法作出。因此,用尺规作出与圆面积相等的正方形是不可能的。

　　在流行语中,"化圆为方"已经成为试图去做不可能的事情的同义词。甚至意大利诗人但丁·阿利吉耶里(Dante Alighieri,1265—1321)在他的《神曲》(*Divine Comedy*)中也提到了它,并将其与圣三位一体的不可思议做比较:

　　　　……如同一个几何学家用了全力,

　　　　要把圆形画成面积一样的正方形,

　　　　绞尽脑汁,也找不到他缺少的原理;

　　　　我对于那新出现的景象也像那样;

　　　　我愿意知道那形象如何同那圈环

　　　　相符合,它如何定居在那里面……[1]

　　不过,我们只要取一个高度等于其半径一半的圆柱体,就可以确定一个面积等于某一矩形面积的圆。这个圆柱体被展开时,侧面形成一个矩形,其面积就等于该圆柱体底面的圆的面积。不幸的是,这并没有帮助我们得到欧几里得作图法,因为在这个方法中,矩形的较长边不能这样构造出来。这又给出了一个这样的例子:一个好的想法却没有引导我们得到真正意义上的化圆为方,尽管我们的第一印象似乎是指向这一作图的。

---

[1]　但丁·阿利吉耶里,《神曲》,天堂篇,第33首,结尾。——原注
　　此处译文出自朱维基的译本,上海译文出版社2007年出版。——译注

地球——先被看作圆盘，后被看作球

古希腊学者向我们介绍了这样一个概念：大自然并非众神的玩具，而是可以被理性了解的。泰勒斯设想地平线是圆形的，陆地是漂浮在半球形星空穹顶下的一个圆盘（见图A.3）。

图A.3　匿名雕版画，首先出现在卡米耶·弗拉马利翁（Camille Flammarion）的《大气：大众气象学》[*L'atmosphère: Météorologie populaire* (Paris, 1888)]第163页

赫西奥德（Hesiod，约公元前700年）将地下世界视为第二个半球。在两个半球中，扁平的地球都被认为是一个大圆盘，德尔斐（Delphi）作为世界的中心位于这个大圆盘的正中间。尽管希罗多德（Herodotus，前484—前425）就曾预测地球是球形的，但直到16世纪晚期，星空还被认为是一个在平坦的地球圆盘上方旋转的球。直到近代，一种封闭的世界观的复杂性显示出了神话、宗教和数学之间是多么紧密地联系在一起。20世纪，随着非欧几何这种新知识的出现，大卫·希尔伯特（David Hilbert，1862—1943）的公理化理论重新定义了世界的有限性与宇宙的表观无限性之间的关系。

从柏拉图（Plato，约前427—前347）时代开始，地球才被认为是一个球体,甚至亚里士多德将引力定义为一种向着世界中心的追寻。水被认为是一种重元素,它竖直向下朝向地球表面,而空气和火这两种轻元素则趋向于上层的边缘。根据希腊哲学家阿那克西曼德(Anaximander,前610—前546)的观点,恒星的圆周运动似乎是由日月生长所推动的。而柏拉图则仍然认为,它们在沿着一些按照和谐的数字比例形成的同心圆做圆周运动。从地心说到日心说的世界体系的变化,再加上牛顿的天体力学,终结了古代的多重建构和阐释。牛顿的天体力学以德国数学家约翰尼斯·开普勒(Johannes Kepler,1571—1630)的行星运动定律为基础,重新解释了许多理论和模型。当然,正是开普勒发现了下面这个著名的事实:椭圆能够比圆更好地描述旋转天体的路径。

圆和球在神学中的寓意

圆在宗教思想中也发挥着重要作用。基督教相信上帝是一个球体,其中心无处不在,但是其边缘却无处可在(见图A.4)。希腊哲学家柏罗丁(Plotinus,约204—270)建立起一种神秘的几何学,这种几何学具有一个无限球的象征,并被解释为无限的元素力量。德国哲学家库斯的尼古劳斯(Nikolaus of Kues,1401—1464)则是在中世纪到现代的过渡时期中为宇宙赋予了潜在无限而不是球形限制的第一人。在无穷远处,圆和直线是完全等同的。在那里,圣父被解释为圆心,圣子被解释为半径,圣灵被解释为

图A.4 "上帝是一个其中心无处不在的球体"(Deus est sphaera cuius centrum ubique, circumferential nusquam, in *Liber XXIV philosophorum*, edited by Clemens Baeumker, *Beiträge zur Geschichte der Philosophie des Mittelalters* [Münster, 1928], p. 207.)

圆周。后来，开普勒用这个象征来表示世界，把太阳的中心解释为圣父的形象，把固定不动的恒星所在的极限球面解释为圣子的形象，把充满空间的苍穹解释为圣灵的象征。随后，人们又将发现的洞察力和知识特别赋予了自然哲学，这是一门关于上帝永恒地化身到世界中去的科学。在那些伟大科学家的推理中，神学、数学和物理学总是紧密联系在一起的（也许现在仍然如此）。然而，球和圆从来不是绝对的象征，从柏拉图的奇异推理中就可以看出这一点。他认为，人类的头具有球体的形式，而根据神学家奥利金（Origen，184—253）的说法，在复活之后，不朽的灵魂和死者的肉体都会呈现出球形。

永恒甚至也常常被认为具有圆这种完美形式。但丁的《神曲》第14首中，圆的双重运动就是这样一个例子：

> 盛在一只圆形器皿里的水，
> 若从外受到打击，
> 水波从周围振荡到中心，
> 若从内受到打击，
> 则从中心到周围。[1]

这一思想反映在意大利神学家托马斯·阿奎那（Thomas Aquinas，1225—1274）的学说中，他说"永恒等于圆的中心。它虽然简单且不可分割，却包含着时间的全过程，时间的每一部分都以同样的方式平等地存在着。"[2]

同时，上帝的化身，作为其无限包含世界的化身，也被传唱为一个与圆共同的主题。英国诗人理查德·克拉肖（Richard Crashaw，1612—1649）在他充满激情的诗歌《主耶和华的荣耀显现》（*In The Glorious Epiphany of Our Lord God*）中给出了一个令人印象深刻的例子：

> 献给你，你是黑夜的白昼！你是西方的东方！
> 看，我们最终找到了路。

———————————

[1] 但丁·阿利吉耶里，《神曲》，天堂篇，第14首，开头。——原注
　 此处译文出自朱维基的译本，上海译文出版社2007年出版。——译注
[2] Thomas Aquinas, Declaratio quorundam articulorum（1521），op.2. ——原注

献给你，世界上最伟大的、万物的东方。

平凡而冷漠的日子。

一切围绕着一点盘旋。一切聚集为球体……①

神学和数学之间的奇妙联系再一次展示出来：上帝作为在直线上移动的圆心，世界和人类作为由这个圆心向外辐射而创造的一个圆。

甚至毕达哥拉斯学派也指出了圆心的衍生力量。对柏罗丁来说，圆心是圆之父。17世纪的德国神秘主义者和宗教诗人安杰勒斯·西勒辛思（Angelus Silesius，1624—1677）以《上帝是我的圆心和圆周》（*God Is My Point and Circle*）为题写道：

上帝是我的圆心，当我将他装入我，

和我的圆周之中时，当我因为爱而融化在其中时②。

但是从17世纪以来，圆和球的伟大象征已经改变了它的意义，而且从上帝转向了人。英国牧师和诗人托马斯·特拉赫恩（Thomas Traherne，1636—1674）说过："我的灵魂是一个位于中心处的无限球体。"③

最意味深长的一首关于信仰的现代诗歌也许出自波希米亚–奥地利诗人赖纳·马里亚·里尔克（Rainer Maria Rilke，1875—1926），诗的开头是"我生活在一些不断生长的圆中/它们在我周围的事物之上一圈一圈向外延伸……"④

没有极限的"圆极限"

不论是在宗教艺术中，还是在其他类型的艺术中，圆都被用作一种风格化的设计。正如第9章已经提到过的，透视不可能性和视错觉大师、荷

---

① Richard Crashaw, *In the Glorious Epiphany of Our Lord God, a Hymn Sung as by Three Kings*, ed. L. C. Martin（Oxford: Clarendon, 1957）, p. 254f.——原注

② Angelus Silesius, *Sämtliche poetische Werke*, ed. David August R osenthal（Regensburg: Manz, 1862）, p. 68.——原注

③ Thomas Traherne, *Centuries of Meditation*, ed. B. Dobell（London: Dobell, 1908）, p. 136.——原注

④ 11. Rainer Maria Rilke, *Selected Poems*, ed. and trans. Stanley Appelbaum（Mineola, NY: Dover, 2011）, p. 11.——原注

兰图形艺术家埃舍尔的作品,提供了这种艺术在20世纪的杰出范例。尤其是在将他视为典范的数学家的世界中,他的作品已经变得众所周知,并经常被讨论。英国数学家莱昂内尔·彭罗斯(Lionel Penrose,1898—1972)设计的永无止境的彭罗斯阶梯,成为埃舍尔的画作《瀑布》(*The Waterfall*)的原型,也成为画作《上升与下降》(*Up and Down*)的原型。除了默比乌斯带和各种各样的镜射之外,埃舍尔的精密作品中还包含圆极限的图形艺术,其结构图案被各个年龄层次和教育水平的人们视为智力挑战。

埃舍尔在《圆极限》(*Circle Limit*)系列木刻版画中发明了他自己的双曲几何构造方案。双曲几何是法国数学家朱尔斯·亨利·庞加莱(Jules Henri Poincaré,1854—1912)提出的概念。庞加莱从理论上证明了,在某种意义上,一个无限平面的整体实际上可以包含在一个有限的圆内。《圆极限Ⅲ》(*Circle Limit* Ⅲ)展示了如何能够容纳下无限数量的鱼,当它们接近圆的边界时,它们的欧几里得尺寸会不断减小,而其双曲尺寸却是恒定不变的(见图A.5)。在这幅木刻版画中,每四条鱼的右鳍尖呈直角相接,每三条鱼的左鳍尖相接,每三条鱼的鼻尖相接。鱼的脊骨沿着白色的圆弧排列。同一条弧上的鱼具有相同的颜色,并且所有的鱼都是按照地图着色原

图A.5　M. C. 埃舍尔的木刻版画《圆极限Ⅲ》

(Wikimedia Commons, © M. C. Escher, user Tomruen)

则上色的:相邻的鱼必须具有不同的颜色①。

埃舍尔的一生例示了数学花园可能产生的丰富形式。通过他的规则平面填充技巧,产生了许多以变化和形变形式出现的奇妙图形,比如说鸟逐渐变成了鱼。由此,数学成了一种艺术——它将整个世界的种种思想和形式聚集在一个被称为"圆"的小空间里。

带两个圆的自画像

伦勃朗(Rembrandt, 1606—1669)晚期的自画像(见图A.6),是在艺术背景下对于圆的另一种完全不同的运用。在这一时期,他已经失去了他的大部分财产。

图A.6 《画架旁的自画像》(*Self-Portrait at the Easel*),伦勃朗油画作品(1660)

这可能是他最私密的作品之一,到他去世前一直挂在他的画室里。给人的第一印象是,这是一位艺术大师在庄严地表明自己的创造能力。虽然背景中的那些象征性的圆,以及他圆圆的脸上的精致细节,都暗示着强健的生命力,但这位大师对衣服和手的处理却粗枝大叶,在厚厚的颜料层中几乎看不到什么恰当的修整。非常奇怪的是,调色板不是圆形的,而是矩形的——也许是为了让脸看起来更圆,更像那两个完美的圆。也许画中包含这两个圆是为了代表大师本人的两个层次——个人的和艺术的。人们注意到,他的许多自画像都描绘了他生活中的起起落落。这幅特别的画表现了这样一个人,他尽管经历过经济、政治和艺术上的成功,却发现自己正处于深渊的边缘。不过,其中似乎也并非没有乐趣。这位画家看起来更像是一位睿智的老人,而不像是一个生活失意、充满痛苦的失败者。研究者们仍未确定这幅画作是已完成还是

---

① Douglas Dunham, "Some Math behind M. C. Escher's *Circle Limit* Patterns," http://www.d.umn.edu/~ddunham/umdmath09.pdf (accessed September 14, 2015).——原注

未完成。画家白色帽子下面那双笼罩着阴影的眼睛似乎在说：你从我这里再也得不到什么了。

奥地利建筑师古斯塔夫·佩克尔（Gustav Peichl, 1928—2019）可能思考了伦勃朗在其作品中对圆的运用。后来他声誉渐隆，不仅仅是因为他的那些著名建筑，还因为他的那些预制房屋，他将其设计为不同尺寸的样子，尤其是标志性的半圆形雕塑①。在一本名为《在圆的符号中》(*In the Sign of the Circle*)的薄薄的小册子中，他不仅展示了大量的圆形草图，还将圆重新命名为一种"建筑分子"：

> 典型的圆是所有几何形状中最为朴实无华的，尽管它精确而又有无穷无尽的变化。圆有一种张力，这种张力本身又体现在许多其他的张力之中。因此，圆是一个最大的矛盾综合体。同心与偏心在一个单独形状中相互平衡，但同时又相互抗衡……圆是一种设计工具。圆是一种建筑分子。中心孕育出圆。圆是处于中心的物体②。

圆与球在文学中的寓意

不幸的是，许多成年人竟以自己上学时不擅长数学而引以为豪。然而，数学经常出现在文学中——甚至出现在诗歌中。因此，圆在世界各地的诗歌中又以多种形式得到频繁描述③。这里举几个例子。

美国诗人尼古拉斯·韦切尔·林赛（Nicholas Vachel Lindsay, 1879—1931）被誉为吟唱诗歌的奠基人。他用一种感人的方式回忆自己的童年：

> 很久以前在沙滩上，
>
> 老欧几里得画了一个圆。
>
> 他用角如此这般地

---

① "Hanlo Häuser," http://www.hanlo.at/fertighaus-peichl.html (accessed September 14, 2015). ——原注

② Gustav Peichl, *Im Zeichen des Kreises* (Stuttgart: Hatje, 1987), p. 50. ——原注

③ 仅以德文出版的阿尔弗雷德·施赖伯（Alfred Schreiber）文集尤其值得一读：Alfred Schreiber, ed., *Die Leier des Pythagoras. Gedichte aus Mathematischen Gründen* (Wiesbaden: Vieweg + Teubner Verlag / GWV Fachverlage GmbH, 2010). ——原注

界定和包围它。

他那一群严肃的老人

领首点头，

对于圆弧、圆周、直径之类争论不休。

一个孩子站在他们旁边一言不发，

从早晨直到中午，

因为他们画出了如此迷人的

圆形月亮图画①。

　　19世纪初，德国语言学家弗里德里希·吕克特（Friedrich Rückert，1788—1866）关于圆的两首诗，很可能是具有最高文学品质的诗歌，其中第一首诗提出了这样一个问题：**圆是什么？**

一个是点，另一个是圆，而第三个

在点和圆之间的，是多重可分的中心。

圆是什么？一个围绕着自身盘旋的点，

于是它的圆周弯曲，如同它的身体和精神。

拖动一个大圆，把它移动到遥远的地方，

它立刻表现为一个点，就像任何恒星一样。

画出最小的点，尽可能使其不可见，

然而只要有一个放大镜，它就变成了一个球。

把石头扔进水里，看看那些圆是如何扩展的，

一些圆来自另一些圆，它们在无穷远处瓦解。

如果圆消失了就成了一元，如果它从不存在也就变为一元，

因为当二元性的光辉消退时，一就是一切②。

　　第二首诗展示了圆如何象征着一个周期和时间之轮的完成。它代表增强，就像时钟一样随着时间而进展。它象征着意识的来源，而创造它的

---

① Vachel Lindsay, "Euclid" in *The Congo and Other Poems* (New York: Macmillan, 1914). ——原注

② Friedrich Rückert, *Die Weisheit des Brahmanen*, vol. 1 (Leipzig: Weidmann, 1836), p. 18f. The translation was kindly provided by Waltraud Haschke. ——原注

是这样一个现实:

　　　　永远不可能化圆为方,

　　　　不能让无限变成有限。

　　　　然而我们可以想象一个圆里有一个正方形,

　　　　以及一个正方形里有一个圆,并且它们彼此变换。

　　　　因此无限被有限包围,

　　　　然后无限又从有限中浮现出来。

　　　　呈现为正方形时圆被凝固,它的四条半径

　　　　静止不动,这些手臂延伸成为弦。

　　　　当转动这些半径时,正方形就变成了圆,

　　　　并且那些弦随着旋转而消失。

　　　　旋转中的刚性形成了轮子。

　　　　生命的圆是循环的,而死亡的时候则是笔直的[①]。

　　基本的几何概念当然就是对真实世界中的概念的抽象。圆的概念(连同球的概念)是这类抽象中最基本的概念之一。自从人们开始以抽象方式思考问题以来,圆的概念就一直存在。由于圆的这种原始性,自从存在这样的东西以来,它就一直是人类文化的一部分。我们已经看到作为最抽象思想象征的圆、艺术作品中的圆,以及实际应用中的圆。简而言之,圆无处不在。

---

① Friedrich Rückert, *Gesammelte Poetische Werke in 12 Bänden*, vol. 8 (Frankfurt: Sauerländer, 1868), p. 612 (no. 80 from the cycle "Frieden"). The translation was kindly provided by Waltraud Haschke. 作者非常感谢瓦尔特劳德·哈施克(Waltraud Haschke)将这篇文章翻译成英文,尤其是来自诗歌的那些例子。——原注

附　录

附录A

为了证明帕斯卡定理，我们将应用**门奈劳斯定理**（Menelaus's theorem）。该定理指出，如果给定如图F.1所示的构型，即一个△ABC，其各边与一条直线分别相交于点X、Y、Z，则以下等式成立：

$$\frac{AX}{XB}\cdot\frac{BY}{YC}\cdot\frac{CZ}{ZA}=-1。$$

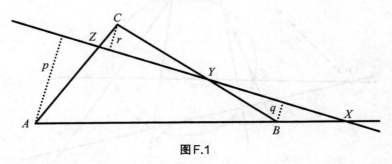

图F.1

这些距离是有方向的，这就解释了为什么这个乘积具有负值。此外，如果这个等式对于分别位于AB、BC、CA这三条直线上的三个点X、Y、Z成立，那么这三个点必定位于一条公共直线上。

这很容易证明。符号必须是负的，因为下面两种情况必居其一：要么是三角形的两边与直线相交于两个顶点之间（从而使两个比例为正值），而另一边与直线相交于两个顶点之间的线段之外（从而使一个比例为负值);要么三条边都与直线相交于顶点之间的线段之外,从而使三个比例均为负值。在这两种情况下,乘积肯定都是负的。另一方面,利用三角形的相似性,忽略线段的方向,并将点 A、B、C 到直线 XYZ 的距离分别设为 p、q、r,如图 F.1 所示,我们就能得到

$$\frac{AX}{XB}\cdot\frac{BY}{YC}\cdot\frac{CZ}{ZA}=\frac{p}{q}\cdot\frac{q}{r}\cdot\frac{r}{p}=1。$$

其逆定理也必定成立。考虑直线 XY,设它与 AC 相交于点 Z',然后注意到这个结果对点 Z 和点 Z' 都成立,这意味着点 Z 就是点 Z'。

现在我们可以着手将它应用于帕斯卡定理中所给出的情形。在图 F.2 中,点 A、B、C、D、E、F 是圆 c 上的点,并按照要求定义 $P=AB\cap DE$,$Q=BC\cap EF$,$R=CD\cap FA$。

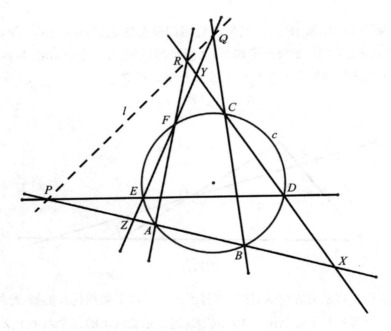

图F.2

再定义三个新的点,即

$$X=AB\cap CD,Y=CD\cap EF,Z=EF\cap AB。$$

将门奈劳斯定理应用于直线 ED 与 $\triangle XYZ$,我们就得到

$$\frac{XD}{DY} \cdot \frac{YE}{EZ} \cdot \frac{ZP}{PX} = -1 。$$

将门奈劳斯定理应用于直线 BC 与 $\triangle XYZ$，我们就得到

$$\frac{XC}{CY} \cdot \frac{YQ}{QZ} \cdot \frac{ZB}{BX} = -1 。$$

随后再将门奈劳斯定理应用于直线 FA 与 $\triangle XYZ$，我们就得到

$$\frac{XR}{RY} \cdot \frac{YF}{FZ} \cdot \frac{ZA}{AX} = -1 。$$

将这三个等式相乘，得到

$$\left(\frac{XD}{DY} \cdot \frac{YE}{EZ} \cdot \frac{ZP}{PX} \right) \left(\frac{XC}{CY} \cdot \frac{YQ}{QZ} \cdot \frac{ZB}{BX} \right) \left(\frac{XR}{RY} \cdot \frac{YF}{FZ} \cdot \frac{ZA}{AX} \right) = -1 。$$

上式也可写成

$$\frac{XR}{RY} \cdot \frac{YQ}{QZ} \cdot \frac{ZP}{PX} \cdot \frac{XD \cdot XC}{AX \cdot BX} \cdot \frac{YF \cdot YE}{CY \cdot DY} \cdot \frac{ZA \cdot ZB}{EZ \cdot FZ} = -1 。$$

根据从圆外一点向圆作两条割线，那么该点到每条割线与圆交点间的两条线段的长度的乘积相等，我们有 $XD \cdot XC = AX \cdot BX$，$YF \cdot YE = CY \cdot DY$，以及 $ZA \cdot ZB = EZ \cdot FZ$，这意味着上述方程可化简为

$$\frac{XR}{RY} \cdot \frac{YQ}{QZ} \cdot \frac{ZP}{PX} \cdot 1 \cdot 1 \cdot 1 = -1 \Leftrightarrow \frac{XR}{RY} \cdot \frac{YQ}{QZ} \cdot \frac{ZP}{PX} = -1 。$$

这正是门奈劳斯定理所要求的性质。因此，我们得到点 P、Q、R 在公共直线 l 上，这正是之前所假设的。

附录 B

在第 3 章中，我们将布里昂雄定理表述为帕斯卡定理的对偶定理。现在我们将给出根轴的一些重要性质，并最终用它们来证明布里昂雄定理。

考虑两个圆，圆心分别为 R 和 Q（见图 F.3），它们相交于两点 A 和 B。点 P 是直线 AB 上不在 A 和 B 之间的任意一点。直线 PT 和 PS 分别在点 T 和点 S 处与圆心为 R 和 Q 的两个圆相切。

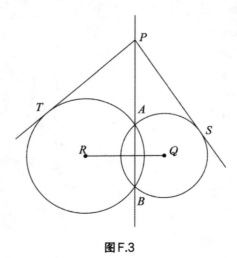

图 F.3

根据初等几何知识，我们知道PT是PB和PA的比例中项，因此$PT^2 = PB \cdot PA$。同理可得$PS^2 = PB \cdot PA$，于是$PT = PS$。

由于点P是AB延长线上**任意选出**的一点，因此可以得出：从AB延长线上的任意一点向两圆所作的切线段长度相等。

在把它表述为一条轨迹定理之前，必须先证明，倘若从任意一点P对圆心为R和Q的两个圆所作的切线段长度相等，那么点P必定在直线AB上。因此，假设有一点P，它产生的切线段PT和PS相等。令PA与圆心为R的圆相交于点B，与圆心为Q的圆相交于点B'。同前可知$PB \cdot PA = PT^2$及$PB' \cdot PA = PS^2$。由于$PT = PS$，因此可以得出$PB = PB'$。于是点B和点B'必定重合，并且点P位于两个圆的公共割线PA上。向两个圆作全等的切线段，我们将这些切线段的公共端点所构成的直线称为这两个圆的**根轴**（radical axis）。

现在可以把这个结果写成以下定理。

定理 B.1：两个相交圆的根轴就是它们的公共割线。

由此立刻可知，两个相切圆的根轴就是它们的公切线。在探究两个不相交圆的根轴之前，我们还需要考虑以下定理。

定理 B.2：到两个固定点的距离的平方差是一个常数的点的轨迹，是一条垂直于这两个固定点所确定的线段的直线。

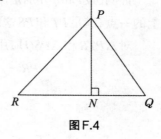

图 F.4

证明：设点R、Q为固定点，点P为轨迹上一点（见图 F.4）。连接PR和PQ。作$PN \perp RQ$于N。利用勾股定理得：

$$PR^2 - RN^2 = PN^2 \text{ 和 } PQ^2 - QN^2 = PN^2 \, 。$$

因此，

$$PR^2 - RN^2 = PQ^2 - QN^2 \text{ 或 } PR^2 - PQ^2 = RN^2 - QN^2 = k \, 。$$

令$RQ = d$。于是可得

$$(RN + QN)(RN - QN) = k,$$
$$d(RN - QN) = k,$$
$$RN - QN = \frac{k}{d} \, 。 \tag{1}$$

还记得

$$RN + QN = d, \qquad\qquad (2)$$

联立方程(1)和(2)求解,就得到

$$RN = \frac{d^2 + k}{2d} \quad 和 \quad QN = \frac{d^2 - k}{2d}。$$

这就固定了点N的位置。

在任何给定情况下,由于d和k都是常数,因此点P必定在垂直于RQ、垂足为N的直线上。这条直线将RQ分为两段,它们的比值为

$$\frac{RN}{QN} = \frac{d^2 + k}{d^2 - k}。$$

我们可以通过证明PN上的任意一点满足给定条件来得出这一轨迹。这就留给读者来完成了。

定理 B.2 让我们能够继续研究根轴。现在我们来确定两个不相交圆的根轴。直觉很可能会让我们预测出下面这条定理。

定理 B.3:两个不相交圆的根轴是一条垂直于它们的圆心连线的直线。

证明:设r和q分别是圆心为R和Q的圆的半径。设点P为要求的轨迹上的一点,满足PT和PS这两条切线段相等(见图F.5)。

对$\triangle PTR$和$\triangle PSQ$应用勾股定理,得到:

$$PR^2 - r^2 = PT^2 \quad 和 \quad PQ^2 - q^2 = PS^2,$$

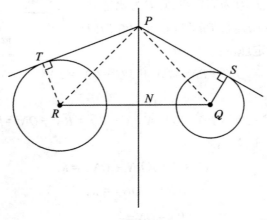

图F.5

超越直线的数学探索 神奇的圆

而 $PT = PS$，因此

$$PR^2 - r^2 = PQ^2 - q^2 \quad \text{或} \quad PR^2 - PQ^2 = r^2 - q^2。$$

由于后一个等式的右边是常数，因此可以得出结论：要求的轨迹是通过点 P 并垂直于圆心连线 RQ 的那条直线[①]。

采用一种与之前类似的证明方法，我们可以根据两个圆的半径及它们圆心之间的距离来确定点 N 的位置。

作为上一条定理的一个直接结果，我们有以下定理。

定理 B.4：给定圆心不共线的三个圆，它们的根轴共点。

证明：考虑圆心分别为 R、Q、U 的三个圆，它们的根轴分别为 AB、CD、EF（见图 F.6）。令点 P 为 AB 与 CD 的交点。利用根轴 AB，得到 $PT = PS$。利用根轴 CD，得到 $PV = PS$（请注意：PT、PS、PV 分别是三个给定圆的切线段）。因此，$PT = PV$，这就意味着点 P 必定位于根轴 EF 上。由此证明了这些根轴在点 P 处共点。

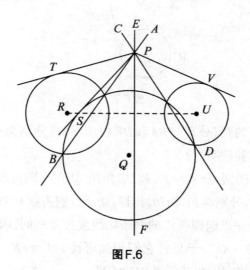

图 F.6

现在来证明之前讨论过的布里昂雄定理。我们使用的证明取自斯莫戈热夫斯基 [A. S. Smogorzhevskii, *The Ruler in Geometrical Constructions*

---

① 关于这一关系的一种证明，请参见 Alfred S. Posamentier, *Advanced Euclidean Geometry* (New York: John Wiley, 2002), pp. 69–70. ——原注

(New York: Blaisdell, 1961), pp. 33–35]。

定理 B.5：如果一个六边形外切于一个圆，那么包含各相对顶点的三条直线共点（布里昂雄定理）。

证明：如图 F.7 所示，六边形 $ABCDEF$ 的各边与一个圆相切于点 T、N、L、S、M、K。在 FA、DC、BC、FE、DE、BA 上分别选择点 K'、L'、N'、M'、S'、T'，使 $KK' = LL' = NN' = MM' = SS' = TT'$。

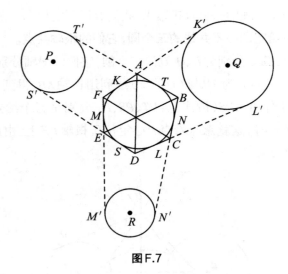

图 F.7

作圆心为 P 的圆，分别与 BA 和 DE 相切，切点分别为点 T' 和 S'（这个圆的存在是很容易证明的）。

作圆心为 Q 的圆，分别与 FA 和 DC 相切，切点分别为点 K' 和 L'。然后，作圆心为 R 的圆，分别与 FE 和 BC 相切，切点分别为点 M' 和 N'。

由于从圆外一点向圆所作的两条切线段长度相同，因此 $FM = FK$。我们已经知道 $MM' = KK'$。于是将它们相加可得 $FM' = FK'$。同理可得 $CL = CN$ 和 $LL' = NN'$。将它们相减可得 $CL' = CN'$。

注意到点 F 和点 C 分别是向以 R 和 Q 为圆心的圆所作的一对全等切线段的端点，因此这两个点就确定了以 R 和 Q 为圆心的这两个圆的根轴 CF。

利用同样的技巧，可以证明 AD 是以点 P 和 Q 为圆心的两个圆的根轴,而BE是以点P和R为圆心的两个圆的根轴。

我们已证明了定理B.4,即三个圆心不共线的圆的根轴是共点的。因此CF、AD、BE共点。

应该注意到,使这些圆的圆心共线的唯一方式是让各对角线重合,而这是不可能的!

附录C

在第3章中,我们使用了以下结果来帮助证明七圆定理:

设 c 是一个圆心为 O、半径为 R 的圆。圆 c_1、c_2 的圆心分别为 O_1、O_2,半径分别为 r_1、r_2,并与圆 c 分别内切于点 P_1、P_2。此外,圆 c_1 和圆 c_2 外切于点 T。于是我们有

$$\frac{P_1P_2^2}{4R^2} = \frac{r_1}{R-r_1} \cdot \frac{r_2}{R-r_2} \text{。}$$

这个结果可以用以下方法来证明。如图 F.8 所示,首先延长 P_1T 与圆 c 相交于点 A,延长 P_2T 与圆 c 相交于点 B。

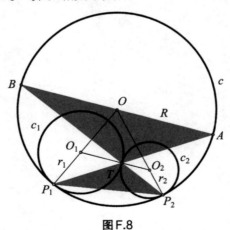

图 F.8

$\triangle O_1P_1T$ 和 $\triangle OP_1A$ 都是等腰三角形（O_1P_1 和 O_1T 都是圆 c_1 的半径，而 OP_1 和 OA 都是圆 c 的半径），它们在 P_1 处有一个公共角，因此我们有 $\angle P_1AO = \angle AP_1O = \angle P_1TO_1$。由此可得 OA 平行于 O_1T。同理可得 OB 平行于 O_2T，因为 $\triangle O_2P_2T$ 和 $\triangle OP_2B$ 都是等腰三角形，并且它们在 P_2 处有一个公共角。由于 O_1、T、O_2 位于同一直线上，因此 OA、OB 平行于同一直线，A、O、B 必定共线。

现在让我们仔细观察 $\triangle TAB$ 和 $\triangle TP_2P_1$，它们在图 F.8 中用阴影表示。这两个三角形是相似的，这是因为 $\angle ATB = \angle P_1TP_2$（点 T 处的对顶角），此外还有 $\angle BAT = \angle BAP_1 = \angle BP_2P_1 = \angle TP_2P_1$，因为 $\angle BAP_1$ 和 $\angle BP_2P_1$ 都是由同一段 $\overparen{BP_1}$ 来度量的。于是得到

$$\frac{P_1P_2}{AB} = \frac{P_1T}{BT} = \frac{P_2T}{AT}。$$

由于 A、O、B 三点共线，因此 $AB = 2R$，于是

$$\frac{P_1P_2}{2R} \cdot \frac{P_1P_2}{2R} = \frac{P_1T}{BT} \cdot \frac{P_2T}{AT} = \frac{P_1T}{AT} \cdot \frac{P_2T}{BT} = \frac{O_1P_1}{OO_1} \cdot \frac{O_2P_2}{OO_2} = \frac{r_1}{R-r_1} \cdot \frac{r_2}{R-r_2},$$

这就等价于我们要证明的

$$\frac{P_1P_2^2}{4R^2} = \frac{r_1}{R-r_1} \cdot \frac{r_2}{R-r_2}。$$

附录D

回忆一下，**福特圆**在第3章中是通过以下作图过程定义的。

从相切的两个全等的圆 c_1 和 c_2 开始，其中一个圆与数轴在0处相切，另一个圆与数轴在1处相切。我们再加上一个圆，令它既与原来这两个圆相切，同时也与数轴相切。在接下去的每一步中，我们依次添加更多的圆，其中每一个圆不仅与构型中已经存在的两个相切圆相切，同时也与数轴相切。这样，就产生了无穷多个圆，它们都在0到1这个区间内与数轴相切。

所有这些无穷多个圆与数轴的切点恰好就是0和1之间的有理数。这个过程中产生的圆没有触碰到数轴上的任何一个无理数点，而每一个有理数点都是以这种方式构造的某个圆的切点。

为了弄清楚为什么会出现这种情况，首先来关注一种更具普遍性的情况。

假设给定两个圆 c_1 和 c_2，它们相互外切并有一条公切线 t，两个圆与这条公切线分别相切于点 C_1 和 C_2，且 $C_1C_2 = d$，这就是我们在图F.9中看到的情况。

将两个圆的半径分别表示为 r_1 和 r_2。将第三个圆 c_3（半径为 r_3）放置在 c_1、c_2 和 t 之间的空间中，使得它不仅与 c_1、c_2 相切，而且与 t 相切于点 C_3。令

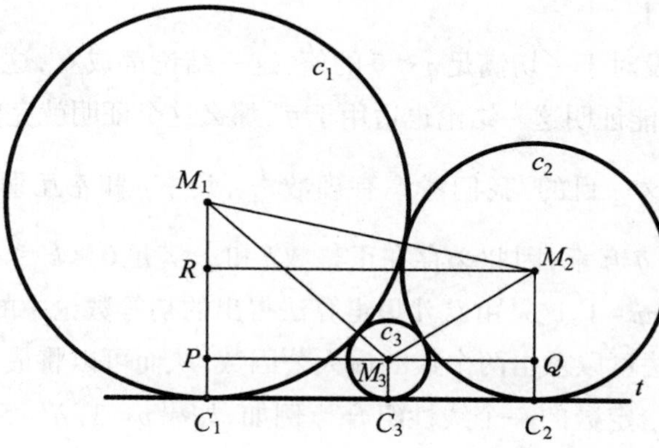

图F.9

$x = C_1 C_3$。现在开始推导用 r_1、r_2 和 d 来表达 r_3 和 x 的公式。

在图的左边可以看到,将勾股定理应用于 $\triangle M_1 M_3 P$,可得 $(r_1 + r_3)^2 = (r_1 - r_3)^2 + x^2$,化简后可得 $4 r_1 r_3 = x^2$。

同理,将勾股定理应用于 $\triangle M_2 M_3 Q$,可以得到 $4 r_2 r_3 = (d - x)^2$;再以相同的方式将勾股定理应用于 $\triangle M_1 M_2 R$,可以得到 $4 r_1 r_2 = d^2$。由于 $x + (d - x) = d$,将该等式两边同时平方得到

$$x^2 + 2x(d - x) + (d - x)^2 = d^2 \quad \text{或} \quad 4 r_1 r_3 + 2 \sqrt{4 r_1 r_3} \sqrt{4 r_2 r_3} + 4 r_2 r_3 = 4 r_1 r_2 \text{。}$$

这就等价于 $r_3 \left(r_1 + \sqrt{4 r_1 r_2} + r_2 \right) = r_1 r_2$。由于 $4 r_1 r_2 = d^2$,因此就有

$$r_3 = \frac{r_1 r_2}{r_1 + d + r_2} \text{。}$$

现在可以使用这个初步结果来证明前文所说的,为什么一切有理数都是福特圆的切点。

为了证明这一点,我们先证明任意一点 $\frac{p}{q}$（p 和 q 互素）是数轴与半径为 $\frac{1}{2q^2}$ 的福特圆的切点。我们将通过对 q 应用数学归纳法来证明。

对于 $q = 1$ 的情况,相关的点只有 $\frac{0}{1} = 0$ 和 $\frac{1}{1} = 1$,它们分别由一个初始福特圆的切点给出。这两个初始圆的半径为 $\frac{1}{2} = \frac{1}{2 \cdot 1^2}$,因此上述结论当

然适用于它们。

现在假设对于一切满足 $q < \bar{q}$ 的值,这一结论都成立,这里 $\bar{q}$ 是某一正整数。如果能证明这一结论也适用于 $\bar{q}$,那么这个证明就完整了。

要达到这一目的,我们考虑有理数 $\frac{p}{\bar{q}}$,其中 p 和 $\bar{q}$ 互素(且 $0 < p < \bar{q}$)。由于 p 和 $\bar{q}$ 互素,因此必存在正整数 k 和 n,满足 $0 < k \le p$ 和 $0 < n < \bar{q}$,且有 $k\bar{q} - np = 1$。这是由欧几里得算法得出的初等数论中的一个结果,利用这个算法可以求出两个数的最大公因数,从而可以将最大公因数的倍数确定为给定数的一个线性组合[①]。例如,如果 $p = 3$,$\bar{q} = 5$,可得 $2 \cdot 5 - 3 \cdot 3 = 1$。这意味着 $k = 2$ 和 $n = 3$,其中 $0 < 2 \le 3$ 而 $0 < 3 < 5$。

我们现在定义 $r = p - k$ 和 $s = \bar{q} - n$。由于 r 和 s 必定都是非负的,因此有 $0 \le \frac{r}{s}$。由于 $k\bar{q} - np = 1$,因此得到 $k\bar{q} > np$,它等价于 $\frac{k}{n} > \frac{p}{\bar{q}}$。又由于

$$sp - r\bar{q} = \bar{q}p - np - p\bar{q} + k\bar{q} = k\bar{q} - np,$$

因此还有 $sp > r\bar{q}$,或 $\frac{p}{\bar{q}} > \frac{r}{s}$。最后还有

$$k = \frac{1 + np}{\bar{q}} \le \frac{n + np}{\bar{q}} = n \cdot \frac{1 + p}{\bar{q}} \le n \ (由于 \ p < \bar{q}),$$

因此 $\frac{k}{n} \le 1$。于是得到 $0 \le \frac{r}{s} < \frac{p}{\bar{q}} < \frac{k}{n} \le 1$。

我们现在注意到 r 与 s 是互素的,而 k 与 n 也互素,这是因为 $sp - r\bar{q} = k\bar{q} - np = 1$ 成立。同时还有 $0 < n < \bar{q}$ 和 $0 < s < \bar{q}$,因此这个归纳假设也适用于分数 $\frac{r}{s}$ 和 $\frac{k}{n}$,即 $\frac{r}{s}$ 是一个半径为 $r_s = \frac{1}{2s^2}$ 的福特圆 c_s 的切点,$\frac{k}{n}$ 是一个半径为 $r_n = \frac{1}{2n^2}$ 的福特圆 c_n 的切点。

圆 c_s 与圆 c_n 当然是相切的,这是因为

$$\left(\frac{k}{n} - \frac{r}{s}\right)^2 = \frac{(ks - rn)^2}{n^2 s^2} = \frac{(k\bar{q} - kn - pn + kn)^2}{n^2 s^2}$$

① 参见冯承天著,《从求解多项式方程到阿贝尔不可能性定理》,华东师范大学出版社,2014。
　　　　　——译注

超越直线的数学探索　神奇的圆

$$= \frac{(k\bar{q} - np)^2}{n^2 s^2} = \frac{1}{n^2 s^2} = 4r_s r_n \text{。}$$

因此，现在可以计算与 c_s、c_n 和数轴都相切的小圆 c_{new} 的半径 r_{new} 了。我们得到

$$r_{new} = \frac{r_s r_n}{r_s + \frac{k}{n} - \frac{r}{s} + r_n} = \frac{\frac{1}{2s^2} \cdot \frac{1}{2n^2}}{\frac{1}{2s^2} + \frac{1}{ns} + \frac{1}{2n^2}}$$

$$= \frac{1}{2n^2 + 4ns + 2s^2} = \frac{1}{2(n+s)^2} = \frac{1}{2\bar{q}^2} \text{。}$$

此外，如果令 x 为 c_{new} 与数轴相切的点，还可得到

$$\left(x - \frac{r}{s}\right)^2 = 4 \cdot r_s \cdot r_{new} = 4 \cdot \frac{1}{2s^2} \cdot \frac{1}{2\bar{q}^2} = \frac{1}{s^2 \bar{q}^2} \text{，}$$

因此

$$x = \frac{r}{s} + \frac{1}{s\bar{q}} = \frac{r\bar{q} + 1}{s\bar{q}} = \frac{sp}{s\bar{q}} = \frac{p}{\bar{q}} \text{。}$$

c_{new} 是一个半径为 $\frac{1}{2\bar{q}^2}$ 的福特圆，与数轴相切于点 $\frac{p}{\bar{q}}$，而这正是我们想要证明的。于是归纳证明完成了。

附录E

回想一下在圆填充问题那一部分中提出的结论，即如图 F.10 所示的装有 8 个罐头的正方形盒子的边长等于

$$1 + \frac{\sqrt{2}}{2} + \frac{\sqrt{6}}{2} \approx 2.93$$

倍的罐头直径。

图 F.10

这可以通过以下推断看出。

在图 F.11 中，我们为这个构型添加了一些细节。点 Q、R、S 分别为其

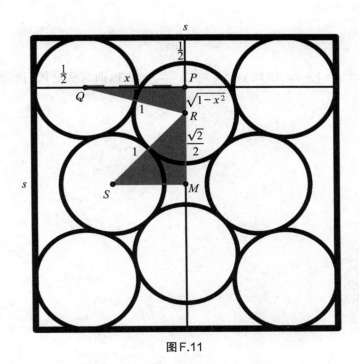

图 F.11

中三个圆的圆心,点 M 是包围它们的正方形的中心点。过点 Q 和 M 作平行于正方形各边的直线,它们相交于点 P。假设这些圆的直径都等于 1,则点 Q 和 P 到正方形一边的距离等于 $\frac{1}{2}$,如图所示。此外,假设正方形的边长为 s,P 和 Q 之间的距离是 x。

由于这三个圆彼此相切,因此 $\triangle QRS$ 是一个边长为 1 的等边三角形。另外,由于这个图形的对称性,因此 $\triangle RSM$ 是一个等腰直角三角形,它的斜边的长度是 1,所以它的边 MR 的长度是 $\frac{\sqrt{2}}{2}$。由于 $\triangle PQR$ 是一个直角三角形,因此 $PR = \sqrt{1-x^2}$。此外,由于 QM 是正方形的对角线,因此 $\triangle PQM$ 也是一个等腰直角三角形,于是 $PQ = PM$。这意味着

$$x = \sqrt{1-x^2} + \frac{\sqrt{2}}{2}。$$

经过一些简单的代数运算,此式可化为 $4x^2 - 2\sqrt{2}\,x - 1 = 0$,解这个二次方程得到

$$x = \frac{\sqrt{2} + \sqrt{6}}{4}。$$

由于 $s = 1 + 2x$，因此 $s = 1 + \frac{\sqrt{2}}{2} + \frac{\sqrt{6}}{2} \approx 2.93$，而这就是我们前面所说的结论。

附录F

我们在第4章中指出,如果要在一个圆中填充8个相等的圆,那么在最优填充方式下的较小圆半径等于

$$\left(1 + \frac{1}{\sin\left(\dfrac{180°}{7}\right)}\right)^{-1} \approx 0.302$$

乘以较大圆半径,并且这些较小圆所覆盖的面积占大圆面积的比例约为0.7328。这是通过下面的计算得出的。

在图F.12中,我们再增加一些细节。点M是外围大圆的圆心。点P是

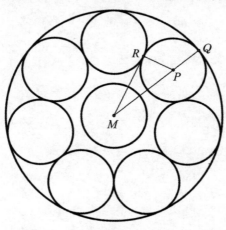

图F.12

与大圆相切于点 Q 的一个小圆的圆心,点 R 是圆心为 P 的圆与它的一个相邻圆的切点。由于 MR 与圆心为 P 的圆相切,因此 $\triangle PMR$ 是直角三角形,又由于与外围圆接触的 7 个较小圆大小相同,因此点 M 处的这个角是一周的七分之一的一半(即 $180°$ 的七分之一),或者换种说法,它等于 $\frac{180°}{7}$。如果假设这些较小圆的半径等于 1,就得到

$$PM = \frac{1}{\sin\left(\frac{180°}{7}\right)}, \quad 于是 MQ = 1 + \frac{1}{\sin\left(\frac{180°}{7}\right)}。$$

因此,如果取大圆的半径等于 1,那么小圆的半径就等于这个数的倒数。

由于大圆的面积等于 $\pi \cdot 1^2 = \pi$,而 8 个小圆的面积等于

$$8 \cdot \pi \cdot \left(1 + \frac{1}{\sin\left(\frac{180°}{7}\right)}\right)^{-2} \approx 0.7328\pi,$$

由此看来前面给出的数值确实成立。

附录G

　　如果给定一个边长为1的等边三角形,图F.13显示了大小相同的1、2、3个圆的最佳填充方案。可以发现,在2个和3个圆的情况下,这些圆的大小是相同的。

图F.13

　　为了计算这些圆的半径,我们进行以下观察。

　　在图F.14的左边,可以看到单独一个圆内切于等边三角形的情形。这个圆当然就是三角形的内切圆。获得该内切圆半径 r_1 的方法是考虑 $\triangle ABC$。点 A 是等边三角形的一个顶点,点 B 是内切圆与该等边三角形一边的切点,点 C 是圆心。由于 AC 平分等边三角形的 $60°$ 内角,因此 $\triangle ABC$ 的三个内角分别为 $30°$、$60°$、$90°$,因此 $BC:AB = 1:\sqrt{3}$。

　　由于 AB 是该等边三角形边长的一半,而 $BC = r_1$,于是我们得到 r_1：$\frac{1}{2} = 1:\sqrt{3}$,因此 $r_1 = \frac{\sqrt{3}}{6}$。

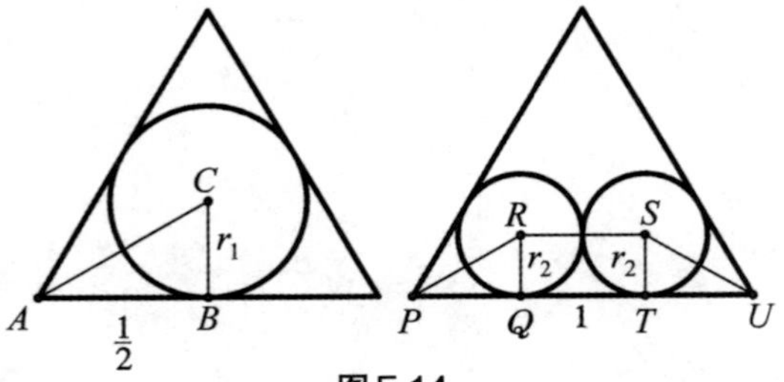

图 F.14

在图 F.14 的右边，我们看到一种类似的情形，其中有两个同样大小的圆内切于该等边三角形。这两个圆的半径用 r_2 表示。点 R 和 S 分别是这两个圆的圆心，点 Q 和 T 分别是它们与公切线的切点，点 P 和 U 是等边三角形这条边的端点。由于四边形 $QRST$ 是一个矩形，因此 $QT = RS = 2r_2$。又由于 $\triangle PQR$ 和 $\triangle STU$ 的三个内角都是 $30°$、$60°$、$90°$（与左边图中的 $\triangle ABC$ 一样），因此 $PQ = TU = \sqrt{3}\,r_2$。于是得到

$$1 = PU = PQ + QT + TU = \sqrt{3}\,r_2 + 2r_2 + \sqrt{3}\,r_2 = (2 + 2\sqrt{3})r_2 ,$$

这就等价于

$$r_2 = \frac{1}{2 + 2\sqrt{3}} = \frac{\sqrt{3} - 1}{4} 。$$

附录H

为了计算平面内的圆填充密度,我们可以考虑一个六边形的内部,如图F.15所示。(请回想一下,整个平面都可以被这样的类似蜂巢中的六边形图案覆盖。)

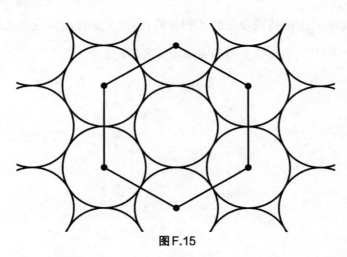

图F.15

假设所有圆的半径都是1,那么六边形的边长就是2。由于正六边形可以被切割成6个小的等边三角形,如图F.16所示,因此正六边形的面积就是这样一个边长为2的等边三角形面积的6倍。

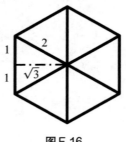

图F.16

根据勾股定理,这个小三角形的高等于 $\sqrt{2^2-1^2}=\sqrt{3}$ 。因此六边形的面积就等于 $6\cdot\dfrac{1}{2}\cdot 2\cdot\sqrt{3}=6\sqrt{3}$ 。

这个六边形完整地包含了一个圆和另外6个圆的扇形部分,其中每个扇形是一个完整圆的三分之一。因此,这个六边形内部被圆覆盖部分的面积等于三个完整的圆(即一个圆的三分之六加上一个完整的圆)。由于这些圆的半径都是1,因此被圆覆盖部分的面积就等于 $3\cdot\pi\cdot 1^2=3\pi$ 。于是,这个六边形被圆覆盖部分的面积所占比例就是 $\dfrac{3\pi}{6\sqrt{3}}=\dfrac{\pi}{2\sqrt{3}}$ 。又由于每个这样的六边形被圆覆盖的比例相同,因此平面被圆填充的比例也等于 $\dfrac{\pi}{2\sqrt{3}}\approx 0.907$,而这就是我们前面所说的结论。

附录Ⅰ

译者就本书附录D中涉及的互素问题撰写了本附录,希望对读者阅读这方面内容有所助益。

求最大公因数的欧几里得算法

(涂泓)

对于正整数 $\bar{q}$、p,我们可以应用欧几里得算法去求它们的最大公因数 $\gcd(\bar{q},p)$。不失一般性,可假定 $\bar{q}>p\geq 1$,且存在正整数 s_1、r_1,使得

$$\bar{q}=ps_1+r_1, \qquad 0\leq r_1<p。 \tag{1}$$

若 $r_1=0$,则 $\gcd(\bar{q},p)=p$(参见下面的引理1);若 $r_1\neq 0$,则有

$$\bar{q}=ps_1+r_1, \qquad 0<r_1<p。 \tag{2}$$

然后对 p、r_1 进行同样操作,即存在正整数 s_2、r_2,使得

$$p=r_1s_2+r_2, \qquad 0\leq r_2<r_1。 \tag{3}$$

若 $r_2=0$,则 $p=r_1s_2$;若 $r_2\neq 0$,则

$$p=r_1s_2+r_2, \qquad 0<r_2<r_1。 \tag{4}$$

我们再对 r_1、r_2 进行同样操作,并以此类推。因为 $r_1>r_2>r_3>\cdots$,所以最终必会出现一个余数为0的情况,即有

$$\begin{cases} \bar{q} = ps_1 + r_1\,, & 0 < r_1 < p\,, \\ p = r_1 s_2 + r_2\,, & 0 < r_2 < r_1\,, \\ r_1 = r_2 s_3 + r_3\,, & 0 < r_3 < r_2\,, \\ \quad\vdots & \quad\vdots \\ r_{k-3} = r_{k-2} s_{k-1} + r_{k-1}\,, & 0 < r_{k-1} < r_{k-2}\,, \\ r_{k-2} = r_{k-1} s_k + r_k\,, & 0 < r_k < r_{k-1}\,, \\ r_{k-1} = r_k s_{k+1}\,。 \end{cases} \qquad (5)$$

下面证明,这样得出的 r_k,即最后一个非零余数就是 $\bar{q}$、p 的最大公因数,即

$$\gcd(\bar{q}, p) = r_k。 \qquad (6)$$

换言之,我们用辗转相除法求得了 $\bar{q}$、p 的最大公因数。为了证明这一点,需要使用下面两条引理:

引理1:如果 $p \mid \bar{q}$,即 $\bar{q}$ 能被 p 整除,则 $\gcd(\bar{q}, p) = p$。

引理2:如果 $\bar{q} - p > 0$,则 $\gcd(\bar{q}, p) = \gcd(\bar{q} - p, p)$。

引理1显然是成立的,下面我们来证明引理2。

设 $\gcd(\bar{q}, p) = d$,则有 $d \mid \bar{q}$,$d \mid p$。由此有 $d \mid (\bar{q} - p)$,于是 d 是 p 与 $(\bar{q} - p)$ 的公因数。再设 $\gcd(\bar{q} - p, p) = d'$,即 d' 是 $(\bar{q} - p)$ 与 p 的最大公因数。所以 $d' \geqslant d$。

反过来,从 $d' \mid (\bar{q} - p)$,$d' \mid p$,可知 $d' \mid \bar{q}$,于是 d' 也是 $\bar{q}$ 与 p 的公因数。因此 $d' \leqslant d$。于是我们有 $d' = d$,即

$$\gcd(\bar{q}, p) = \gcd(\bar{q} - p, p)。 \qquad (7)$$

若 $(\bar{q} - p) > p$,则同样可得

$$\gcd(\bar{q}, p) = \gcd(\bar{q} - p, p) = \gcd(\bar{q} - 2p, p)。 \qquad (8)$$

类似地,若存在正整数 l,使得

$$\begin{cases} \bar{q} - lp > p\,, \\ \bar{q} - (l+1)p < p\,, \end{cases} \qquad (9)$$

则有

$$\gcd(\bar{q}, p) = \gcd(\bar{q} - p, p) = \gcd(\bar{q} - 2p, p) = \cdots = \gcd(\bar{q} - lp, p)。 \quad (10)$$

将此结果多次应用于式(5),有

$$\gcd(\bar{q},p) = \gcd(\bar{q}-ps_1,p) = \gcd(r_1,p)$$
$$= \gcd(p,r_1)$$
$$= \gcd(p,r_2)$$
$$= \gcd(r_1,r_2) \qquad\qquad (11)$$
$$\vdots$$
$$= \gcd(r_{k-1},r_k)$$
$$= r_k$$

其中最后一步应用了引理1。

　　[例1]对于 $\bar{q}=7560$, $p=132$, 有

$$7560 = 132 \times 57 + 36$$
$$132 = 36 \times 3 + 24$$
$$36 = 24 \times 1 + 12$$
$$24 = 12 \times 2,$$

因此 $\gcd(7560,132)=12$。

　　[例2]对于 $\bar{q}=5$, $p=3$, 有

$$5 = 3 \times 1 + 2$$
$$3 = 2 \times 1 + 1$$
$$2 = 1 \times 2,$$

因此 $\gcd(5,3)=1$, 这是5与3互素这一事实的必然结果。

贝祖等式及其一个特例

（冯承天）

　　我们将沿用上文中的符号。下面用 $\bar{q}$、p 线性地表示出 r_k。为此我们把上文中的式(5)所示的过程"倒回去"：先从 $r_{k-2}=r_{k-1}s_k+r_k$ 开始，解出 r_k：

$$r_k = r_{k-2} - r_{k-1}s_k, \qquad\qquad (12)$$

这样 r_k 就由 r_{k-1}、r_{k-2} 线性地表示出来了。利用上文式(5)中的 $r_{k-3}=r_{k-2}s_{k-1}+r_{k-1}$, 有 $r_{k-1}=r_{k-3}-r_{k-2}s_{k-1}$, 再代入式(12)，就有

$$r_k = r_{k-2} - (r_{k-3} - r_{k-2}s_{k-1})s_k$$
$$= r_{k-2}(1 + s_{k-1}s_k) - r_{k-3}s_k, \qquad\qquad (13)$$

这样 r_k 就由 r_{k-2}、r_{k-3} 线性地表示出来了。类似地，我们能用 r_{k-3}、r_{k-4}、r_{k-4}、r_{k-5},$\cdots$,r_2、r_1、p、$\bar{q}$ 不断得出 r_k 的线性表达式，而最后有

$$\gcd(\bar{q},p) = \bar{q}a + pc, \quad a,c \in \mathbb{Z}。 \tag{14}$$

这就是贝祖等式。

令 $b = -c$，我们就可以将式(14)表示为

$$\gcd(\bar{q},p) = \bar{q}a - pb, \quad a,b \in \mathbb{Z}。 \tag{15}$$

[例3]由上文例2有

$$\begin{aligned}
\gcd(5,3) &= 3 - 2 \times 1 = 3 - (5 - 3 \times 1) \times 1 \\
&= 3 - 5 + 3 = 5 \times (-1) + 3 \times 2 \\
&= 5 \times (-1) - 3 \times (-2) = 1,
\end{aligned}$$

即 $(a,c) = (-1,2)$, $(a,b) = (-1,-2)$。

从上面由式(5)推出式(15)的过程可知，数对 (a,b) 是由数 $\bar{q}$、p 确定的。不过，$\gcd(\bar{q},p)$ 用式(15)的形式表示却不是唯一的，即能找到 $a' \neq a$，$b' \neq b$，而同样有 $\gcd(\bar{q},p) = \bar{q}a' - pb'$。事实上，对于任意 $u \in \mathbb{Z}$，有

$$\gcd(\bar{q},p) = \bar{q}a - pb = \bar{q}(a+up) - p(b+u\bar{q}), \quad \forall u \in \mathbb{Z}。 \tag{16}$$

如在例3中，取 $u=1$，就有 $\gcd(5,3) = 5 \times (-1) - 3 \times (-2) = 5 \times (-1+3) - 3 \times (-2+5) = 5 \times 2 - 3 \times 3$，其中 $0 < 2 \leq 3, 0 < 3 < 5$。

下面我们利用由 u 给出的这一自由度，在 $\bar{q}$、p 互素，即 $\gcd(\bar{q},p) = 1$ 的情况下，证明存在正整数 j、k，可将式(15)或式(16)表示为

$$\gcd(\bar{q},p) = \bar{q}j - pk, 0 < j \leq p, 0 < k < \bar{q}。 \tag{17}$$

为此对式(15)中的 p、a 作区间 $\left(-\dfrac{a}{p}, 1-\dfrac{a}{p}\right]$。由于这一区间的长度为1，因此一定存在 $t \in \mathbb{Z}$，满足 $-\dfrac{a}{p} < t \leq 1 - \dfrac{a}{p}$。由此可推得 $-a < pt \leq p - a$，这会使我们想到令

$$j = a + pt, \tag{18}$$

且有

$$0 < j \leq p, \tag{19}$$

因此式(16)中的 $u = t$，且令

$$k = b + u\bar{q} = b + t\bar{q}。 \tag{20}$$

下面只需证明由这样定义的 k 符合 $0 < k < \bar{q}$ 这一条件。我们分三步来证明这一点。

(i) 先证明 $k \geq 0$。我们从 $p > 0$ 出发来证明。从 $p > 0$，有 $p \geq 1$，从而 $0 < \dfrac{1}{p} \leq 1$，或

$$0 > -\frac{1}{p} \geq -1 \text{。} \tag{21}$$

其次，从 $\gcd(\bar{q}, p) = \bar{q}a - pb = 1$，有 $\dfrac{a}{p} - \dfrac{b}{\bar{q}} = \dfrac{1}{p\bar{q}}$，即 $\dfrac{a}{p} = \dfrac{b}{\bar{q}} + \dfrac{1}{p\bar{q}}$。又从 $t > -\dfrac{a}{p}$ 可得 $t > -\dfrac{a}{p} = -\dfrac{b}{\bar{q}} - \dfrac{1}{p\bar{q}}$，即 $t\bar{q} > -b - \dfrac{1}{p}$。

所以就有 $k = b + t\bar{q} > -\dfrac{1}{p} \geq -1$。由于 $k \in \mathbb{Z}$，这就给出 $k \geq 0$。

(ii) 接下来证明 $k \neq 0$。用反证法，设 $k = 0$，则有 $b = -t\bar{q}$。于是 $\bar{q}a - pb = \bar{q}a - p(-t\bar{q}) = \bar{q}(a + pt)$，可得 $\bar{q}(a + pt) = 1$。由于 $a + pt \in \mathbb{Z}$，$\bar{q} > p \geq 1$，这就产生了矛盾。综合 (i)、(ii) 的结果，有

$$k > 0 \text{。} \tag{22}$$

(iii) 最后证明 $k < \bar{q}$。由 $t \leq 1 - \dfrac{a}{p}$ 及 $-\dfrac{a}{p} = -\dfrac{b}{\bar{q}} - \dfrac{1}{p\bar{q}}$，可得 $t \leq 1 - \dfrac{b}{\bar{q}} - \dfrac{1}{p\bar{q}} < 1 - \dfrac{b}{\bar{q}}$。这样就有 $t\bar{q} < \bar{q} - b$，即

$$k = b + t\bar{q} < \bar{q} \text{。} \tag{23}$$

结合式 (22) 和式 (23) 的结果，最后可得

$$0 < k < \bar{q} \text{。} \tag{24}$$

证毕。

参考文献

Altshiller-Court, Nathan. *College Geometry*. New York: Barnes & Noble, 1952.

— *Modern Pure Solid Geometry*. Bronx, NY: Chelsea, 1964.

Aref, M. N., and William Wernick. *Problems and Solutions in Euclidean Geometry*. New York: Dover, 1968.

Coxeter, H. S. M., and Samuel L. Greitz er. *Geometry Revisited*. Washington, DC: Mathematical Association of America, 1967.

Davies, David R. *Modern College Geometry*. Reading, MA: Addison-Wesley, 1949.

Fukagawa, Hidetoshi, and Dan Pedoe. *Japanese Temple Geometry Problems*. Winnipeg, Canada: Charles Babbage Research Center, 1989.

Fukagawa, Hidetoshi, and Tony Rothman. *Sacred Mathematics—Japanese Temple Geometry*. Princeton, NJ: Princeton University Press, 2008.

Johnson, Roger A. *Modern Geometry*. Boston, MA: Houghton Mifflin, 1929.

Kimberling, Clark. *Cogressus Numerantium*. Winnipeg, Canada: Utilitas Mathematics Publishing, 1998.

Lockwood, E. H. *A Book of Curves*. Cambridge, UK: Cambridge University Press, 1961.

Pedoe, Dan. *Geometry: A Comprehensive Course*. Cambridge, UK: Cambridge University Press, 1970.

Pirl, U. "Der Mindestabstand von n in der Einheitskreisscheibe gelegenen Punkten." *Mathematische Nachrichten* 40 (1969): 111–24.

Posamentier, Alfred S. *Advanced Euclidean Geometry*. New York: John Wiley, 2002.

— *Geometry: Its Elements and Structure*. New York: Dover, 2014.

— *The Pythagorean Theorem*. Amherst, NY: Prometheus Books, 2010.

Posamentier, Alfred S., and Charles T. Salkind. *Challenging Problems in Geometry*. New York: Dover, 1970.

Posamentier, Alfred S. and Ingmar Lehmann. *Pi: A Biography of the World's Most Mysterious Number*. Amherst, NY: Prometheus Books, 2004.

— *The Secrets of Triangles*. Amherst, NY: Prometheus Books, 2012.

Smogorzhevskii, A. S. *The Ruler in Geometrical Constructions*. New York: Blaisdell Publishing, 1961.

Walser, Hans. *99 Points of Intersection*. Washington, DC: Mathematical Association of America, 2006.

Welchons, A. M., and W. R. Krickenberger. *New Solid Geometry*. Boston, MA: Ginn, 1955.

Yates, Robert C. *Curves and Their Properties*. Reston, VA: National Council of Teachers of Mathematics, 1952.

Yates, Robert C. *A Handbook on Curves and Their Properties*. Ann Arbor, MI: J. W. Edwards, 1947.

参
考
文
献

The Circle

A Mathematical Exploration beyond the Line

by

Alfred S. Posamentier & Robert Geretschläger

Amherst, NY: Prometheus Books, 2016.